安徽财经大学服务安徽经济社会发展系列研究报告(2016)

安徽生态文明建设发展报告

——大气污染防治专题报告

安徽财经大学安徽经济社会发展研究院
安徽省环保厅环境科学研究院

主　编　张会恒

副主编　张　红　魏彦杰　夏茂森

合肥工业大学出版社

图书在版编目(CIP)数据

安徽生态文明建设发展报告——大气污染防治专题报告/张会恒主编.
—合肥:合肥工业大学出版社,2016.4
ISBN 978 - 7 - 5650 - 2709 - 3

Ⅰ.①安…　Ⅱ.①张…　Ⅲ.①生态环境建设—研究报告—安徽省—2016
Ⅳ.①X321.254

中国版本图书馆 CIP 数据核字(2016)第 065862 号

安徽生态文明建设发展报告
——大气污染防治专题报告

主编　张会恒　　　　　　责任编辑　陆向军　刘　露

出　版	合肥工业大学出版社		版　次	2016 年 4 月第 1 版	
地　址	合肥市屯溪路 193 号		印　次	2016 年 4 月第 1 次印刷	
邮　编	230009		开　本	710 毫米×1010 毫米　1/16	
电　话	综合编辑部:0551 - 62903028		印　张	9	
	市场营销部:0551 - 62903198		字　数	130 千字	
网　址	www.hfutpress.com.cn		印　刷	合肥现代印务有限公司	
E-mail	hfutpress@163.com		发　行	全国新华书店	

ISBN 978 - 7 - 5650 - 2709 - 3　　　　　　定价: 25.00 元
如果有影响阅读的印装质量问题,请与出版社市场营销部联系调换。

编　委　会

总序

　　为深入贯彻落实党的十八大和十八届三中、四中全会精神，建立健全决策咨询制度，2015 年 1 月 20 日，中共中央办公厅、国务院办公厅印发了《关于加强中国特色新型智库建设的意见》，该文件成为当前和今后一个时期我国智库发展的纲领性文件，标志着十八大提出的建立中国特色新型智库进入新的发展阶段。为深入贯彻落实党的十八大、十八届三中全会精神，贯彻落实习近平总书记关于加强智库建设的重要批示，推进中国特色新型高校智库建设，为党和政府科学决策提供高水平智力支持，教育部在 2014 年 3 月制定印发了《中国特色新型高校智库建设推进计划》。我国经济社会的深刻转型发展，公共政策决策更加需要和依赖智库，中国特色新型智库在推进国家治理体系和治理能力现代化进程中发挥着越来越重要的作用，高校迎来了新型智库建设的春天。

　　当前，地区之间的竞争不再仅仅是地理区位、自然资源或者生产要素的竞争，而更多的是思想文化、发展战略、软实力和巧实力、学习能力与思考能力的竞争。智库建设已成为国家和地方软实力的重要组成部分。随着形势的发展，智库建设的意义越来越凸显。2014 年，安徽省委宣传部、省教育厅、省科技厅、省财政厅联合印发的《关于安徽省人文社会科学和软科学研究项目申报有关工作的通知》提出，安徽省教育厅、财政厅设立智库项目，在高校建立若干服务党委政府决策的高端智库。智库建设不仅可以满足政府科学决策和引导公众舆论的要求，也可以体现高校服务社会的能力，满足高校科研院所"以服务求发展"的要求。

近几年，安徽财经大学高度重视服务地方经济社会发展的智库建设。在 2014 年 10 月通过的《安徽财经大学章程》确立的学校办学定位的基础之上，凝练了办学特色，即"承合作经济之底蕴，寻现代徽商之真谛，建地方行业之智库，育经济管理之英才"。学校领导和科研人员统一了思想认识，明确了科研服务安徽、打造安徽财经智库的奋斗目标，这为我校智库建设奠定了重要的思想基础。在 2014 年 12 月出台的《安徽财经大学地方特色高水平大学建设方案》中明确提出：以服务安徽为己任，实现学校与安徽经济社会发展的深度对接，把学校建成安徽省的财经智库，提高对安徽经济社会发展的贡献度、对人力资源强省的支撑度和人民群众对高等财经教育的满意度。

安徽财经大学科研工作始终坚持立足安徽做学问、服务安徽出成果，特别重视立足地方和行业需求构建多层次智库平台。2009 年，为了更好地服务于合芜蚌综合配套改革试验区的建设，学校成立了合芜蚌自主创新与区域经济发展研究中心；2010 年，为了更好地服务省委省政府的重大决策，更多更快地获取政策信息，在合肥成立了合肥研究院；2011 年，为了服务于安徽省委的振兴皖北发展战略，成立了皖北发展研究院；2012 年，为了服务于安徽的宏观运行和发展战略，成立了校级安徽经济预警运行与发展战略协同创新中心，并与 2014 年被批准为省级协同创新中心；2014 年成立了现代服务业研究中心和徽商研究中心等智库建设平台体系；2015 年，我校依托安徽经济社会发展研究院申报的"安徽经济社会发展研究中心"项目又获准安徽省教育厅智库项目立项建设。这些平台在优化资源配置、聚合科研力量，鼓励和引导教师围绕安徽省委省政府的重大发展战略选题，深入研究安徽经济社会发展中的重点、热点和难点问题，着力破解制约安徽地方经济社会发展的重大理论和现实问题，为建设特色鲜明的地方高水平财经大学提供了有益的智力支持，取得了较为丰硕的成果并积累了丰富的经验。

2013 年年底，我校为增强科研与社会服务能力、主动服务安徽经济社会发展，在原来经济研究所的基础上成立了安徽经济社会发展研究院。它与安徽财经大学哲学社会科学界联合会以及安徽财经大学中国合作社研究院共同构成学校着力打造的、有服务重点的智库平台。安徽经济社会发展研究院围绕安徽经济社会发展中的重大理论与实践问题以及相关学科发展前沿问题，采取专兼职结合的方式吸纳各方专家和学者组成研究团队，通过拓展成果转化的渠道，为安徽政府部门和企业提供政策建议和决策咨询服务。研究院拥有3个省级科研平台，包括安徽省人文社科重点研究基地——经济发展研究中心，省级协同创新中心——安徽经济预警运行与战略协同创新中心，教育厅智库项目——安徽经济社会发展研究中心，还有一个校级科研平台，即合芜蚌自主创新与区域经济发展研究中心，拥有人口、资源与环境经济学硕士点。研究院在安徽经济运行与发展战略、发展规划与政策评价、淮河流域资源与环境等方面已形成系列研究成果并具有一定影响，研究院力争成为安徽重要的财经智库。

安徽经济社会发展研究院（经济发展研究中心）2006年公开出版发行我校服务地方经济社会发展的首部研究报告——《安徽经济发展报告》。此后，每年发布一次，已连续发布报告10次。2014年及2015年，安徽经济社会发展系列研究报告新闻发布会先后在合肥稻香楼宾馆隆重举行。省委宣传部、省发改委、省经信委、省财政厅、省人社厅、省农委、省商务厅、省文化厅、省国资委、省统计局、省委省政府政研室、省地方志办、省皖北办、省社科院、省社科联、中国人民银行合肥中心支行、部分省属高校的领导专家以及国家、省、市40多家媒体出席了发布会。省委副秘书长陈启涛、省教育工委常务副书记高开华出席发布会并充分肯定了系列研究报告成果。高开华认为"安徽财经大学多年来一直持续关注并动态跟踪研究我省经济社会发展实践，连续多年编制安徽经济社会发展研究报告，服务党和政府决策，发挥智库作用。学校在服务社会的过程中，实现了自身价值，推动了学校发展"。通过几年的连续发布，系列研究报告在省内外已形成一定影响，成为相关政府部门决策的参考依据。

2016年，在安徽经济预警运行与战略协同创新中心给予经费支持下，安徽经济社会发展研究院策划组织研究院及我校各学院研究力量，编写了11部年度报告，具体包括：《安徽经济发展研究报告》、《安徽县域经济竞争力报告》、《皖北发展研究报告》、《安徽文化产业发展研究报告》、《安徽财政发展报告》、《安徽投资发展报告》、《安徽贸易发展报告》、《安徽城市发展研究报告》、《安徽农村经济社会发展研究报告》、《安徽就业和社会保障发展研究报告》和《安徽生态文明建设发展报告》。本次发布的报告相对于2015年，凸显四个特点：一是内容质量有较大提高。通过多种措施，整体内容质量有较大的提高，社会影响不仅在省内，而且扩展到省外。二是政策影响力实现突破。在2015年系列研究报告和其他课题研究成果基础之上整合而成的政策建议中，有3篇获得省领导批示，多篇被省委宣传部的《应用对策》、省社联的《学界兴皖》、省社科院的《资政》等选用，使得2016年系列报告的编写更加注重政策建议。三是部分报告与政府部门合作完成。如《安徽生态文明建设发展报告》就是和安徽省环保厅环境科学研究院合作完成，这不仅保证了数据的可获得性，也提升了研究成果的权威性。四是在图书版面设计方面进行了优化。

纵观这11部报告可以看出，报告的组织者与撰写者都付出了辛勤的劳动和不懈的努力。当然，我们也清醒地认识到，报告还存在这样或那样的缺点，与政府部门领导和社会各界对我们的希望还有相当大的差距，学校应当在智库建设方面做得更多、更好。我们坚信，只要坚持走下去，只要继续得到社会各界的关心和帮助，系列研究报告一定会越做越好！学校的智库建设也将会结出更多的硕果！

安徽财经大学校长　丁忠明

2016 年 4 月

前　言

　　生态文明包括生态文化、生态产业、生态消费、生态环境、生态资源、生态科技和生态制度等诸多要素。生态文化承担引领功能，生态产业、生态消费、生态环境和生态资源是四大支柱，生态科技和生态制度是保障条件，其中生态制度是生态文明建设的根本性保障。因此，党的十八大报告明确提出了"加强生态文明制度建设"的科学命题。2015 年，我国的生态文明制度建设和安徽省的生态文明制度建设都取得了显著的成就，其标志就是出台了一系列的生态建设的制度法规。特别是《关于加快推进生态文明建设的意见》《生态文明体制改革总体方案》的出台，对我国生态文明建设意义重大。因此，《安徽生态文明建设发展报告（2016）》在沿用去年的模型继续对安徽的生态环境做测度的基础之上，专设一章对 2015 年我国和安徽省的生态文明制度建设的情况做一梳理。

　　2015 年，是安徽省大气污染防治制度建设取得重要突破的一年。一是 2015 年 8 月 29 日由十二届全国人大常委会第十六次会议修订通过，自 2016 年 1 月 1 日起施行新修订的《中华人民共和国大气污染防治法》，必将对安徽的大气污染防治起到积极的推动作用；二是 2015 年 1 月 31 日，《安徽省大气污染防治条例》经省十二届人大四次会议表决通过，条例于 2015 年 3 月 1 日起施行。这是本届省人大制定的第一部法规，该条例以切实解决大气污染防治中存在的突出问题为导向，坚持环境保护优先原则，着力全面规范、全程监管、严格制度、严厉惩治，突出系统性、针对性、有效性和可操作性，将为我省大气污染防治工作提供重要的法制保障。因此，《安徽生态文明建设发展报告（2016）》将编写的重点放在安徽的大气污染防治上，分别从政策解析、现状描述和产业分析三个维度对安徽省近两年的大气污染防治工作的情况给予分析。

《安徽生态文明建设发展报告（2016）》是由安徽财经大学安徽经济社会发展研究院与安徽省环保厅环境科学研究院合作完成。具体分工如下：安徽财经大学安徽经济社会发展研究院院长张会恒教授、博士负责总体设计和统稿以及前言、第一章和第三章的编写（研究生李沙参与第三章编写）；安徽财经大学国际经济贸易学院魏彦杰副教授、博士负责第二章的编写（研究生张泽群、鲍婷参与编写）；安徽省环保厅环境科学研究院的大气所总工张红副所长负责第四章的编写（陈凝、洪星园参与编写）；安徽财经大学统计与应用数学学院的夏茂森副教授、博士负责第五章的编写。

报告的编写得到学校领导的大力鼓励和支持，同时校内外评审专家也提出很多有价值的意见和建议。安徽省环保厅和安徽省环境科学研究院的领导给予大力支持，特别是安徽省环保厅污染防治处的陈伟不仅参与部分章节的讨论，还提供了我省大气污治理的相关资料，为我们的研究打下坚实的基础；安徽省发展改革委员会资源节约和环境保护处（省生态办）的副处长任晓凡博士提供了有关资料，对报告的编写提出建设性的意见和建议，在此一并表示感谢！

由于生态文明建设和大气污染防治是一个新的研究命题，涉及多个学科领域，受到知识结构、研究能力、资料占有有限和深入调研存在一定困难等主客观因素的制约，我们对相关的理论研究和实践的认识仍不够全面和深入，书中谬误之处在所难免，恳请各位读者批评指正！同时，我们将在2017年继续深化安徽生态文明建设的研究，不断完善报告结构和分析方法，更多听取相关政府部门和学界的意见，使我们的研究更加符合安徽的实际，向政府部门提供更加切实、可行的政策建议。

张会恒

2016 年 3 月

MU LU 目录

第一章　2015 年生态文明制度建设进展情况

生态文明建设是理念、制度和行动的综合，它通过科学理念指引制度设计，通过制度规范和引导行动，从而构成一个完整的体系。党的十八大指出，建设生态文明是关系人民福祉、关乎民族未来的长远大计，要把生态文明建设放在突出地位，融入经济建设、政治建设、文化建设、社会建设各方面和全过程；党的十八届三中全会《决定》强调，要深化生态文明体制改革，加快生态文明制度建设，健全国土空间开发、资源节约利用、生态环境保护的体制机制。十八届四中全会《公报》将生态良好作为我国社会主义现代化建设事业的重要目标，强调了以法治手段推进生态文明建设的重大战略，进一步体现了环境法治建设的重要性；在十八届五中全会上，增强生态文明建设首度被写入国家五年规划，将生态文明建设和可持续发展有关理念提高到了历史高度。2015 年生态文明建设的最大亮点之一，就是用制度保障生态文明建设。本章将对 2015 年我国和安徽省出台的重要的生态文明建设方面的规章制度做一梳理，以映射出生态文明建设的成就。

第一节　建设生态文明必须依靠制度保障

一、生态文明制度建设的重要性及内容

生态文明建设是一项庞大的系统工程，从改变生态环境到实现生态文明，必须构建系统完备、科学规范、运行高效的制度体系，用制度推进建设、规范行为、落实目标、惩罚问责，使制度成为保障生态文明持续健康发展的重要条件。生态文明包括生态文化、生态产业、生态消费、生态环境、生态资源、生态科技和生态制度等诸多要素。

生态文化承担引领功能，生态产业、生态消费、生态环境和生态资源是四大支柱，生态科技和生态制度是保障条件，其中生态制度在生态文明建设中具有根本性保障。因此，党的十八大报告明确提出了"加强生态文明制度建设"的科学命题。建设生态文明，必须建立系统完整的生态文明制度体系。我国生态文明制度体系主要包括决策制度、评价制度、管理制度、考核制度等内容。

（一）生态文明决策制度

生态文明建设是一项系统工程，需要从全局高度通盘考虑，搞好顶层设计和整体部署。要针对生态文明建设的重大问题和突出问题，加强顶层设计和整体部署，统筹各方力量形成合力，协调解决跨部门跨地区的重大事项，把生态文明建设要求全面贯穿和深刻融入经济建设、政治建设、文化建设、社会建设各方面和全过程。

（二）生态文明评价制度

把资源消耗、环境损害、生态效益纳入经济社会发展评价体系，建立体现生态文明要求的目标体系。把经济发展方式转变、资源节约利用、生态环境保护、生态文明制度、生态文化、生态人居等内容作为重点纳入到目标体系中，探索建立有利于促进绿色低碳循环发展的国民经济核算体系，探索建立体现自然资源生态环境价值的资源环境统计制度，探索编制自然资源资产负债表。

（三）生态文明管理制度

建立空间规划体系，划定生产、生活、生态空间开发管制界限，落实用途管制。健全能源、水、土地节约集约使用制度。健全国家自然资源资产管理体制，统一行使全民所有自然资源所有者职责。完善自然资源监管体制，统一行使所有国土空间用途管制职责。统一监管所有污染物排放，实行企业污染物排放总量控制制度，推进行业性和区域性特征污染物总量控制，使污染减排与行业优化调整、区域环境质量改善紧密衔接。完善环境标准体系，实施更加严格的排放标准和环境质量标准。着力推进重点流域水污染治理和重点区域大气污染治理，鼓励有条件的地区采取更加严格的措施，使这些地区环境质量率先改善。依法依规强化环境影响评价，开展政策环评、战略环评、规划环评，建立健全规划环境影响评价和建设项目环境影响评价的联动机制。按照谁受益谁补偿原则，建立开发与保护地区之间、上下游地区之间、生态受益与生态保护地区之间的生态补偿机制，研究设立国家生态补偿专项资金，实行资源有偿使用制度和生态补偿制度。健全生物多样性保护制度，对野生动植物、生物物种、生物安全、外来物种、遗传资源等生物多样性进行统一监管。建立国家公园体制。实行以奖促保，把良好的生态系统尽可能保护起来、休养生息，优先保护水质良好的湖泊。加快自然资源及其产品价格改革，全面反映市场供求关系、资源稀缺程度、生态环境损害成本和修复效益，促进生态环境外部成本内部化。继续深化绿色信贷、绿色贸易政策，全面推行企业环境行为评级。加强行政执法与司法部门衔接，推动环境公益诉讼，严厉打击环境违法行为。在高环境风险行业全面推行环境污染强制责任保险。扩大环境信息公开范围，保障公众的环境知情权、参与权和监督权。健全听证制度，对涉及群众利益的规划、决策和项目，充分听取群众意见。鼓励公众检举揭发环境违法行为。开展环保公益活动，培育和引导环保社会组织健康有序发展。

（四）生态文明考核制度

将反映生态文明建设水平和环境保护成效的指标纳入地方领导干部政绩考核评价体系，大幅提高生态环境指标考核权重。在限制开发区域和禁止开发区域，主要考核生态环保指标。严格领导干部责任追究，对领导干部实行自然资源资产离任审计。建立生态环境损害责任终身追究制。对造成生态环境损害的责任者严格实行赔偿制度，依法追究刑事责任。

二、2015年我国及安徽省生态文明制度建设

我国生态环境保护已走过四十多年历程，但生态环境总体恶化趋势仍未得到有效遏制。在历经多年理论研究与实践探索后，人们认识到资源环境问题既与自然原因及发展阶段有关，更与法治和体制机制等制度因素息息相关。过去，我国实行环境保护基本国策，制定了以环境保护法为主体的一系列法律制度，出台了环保目标责任制、环境

影响评价等基本制度。但这些制度安排的作用并没有充分发挥出来，唯 GDP、漠视环保法律、执法不严等现象屡见不鲜。从建立生态文明价值观入手，健全生态文明制度体系，通过法治手段、制度建设、提高国家治理能力来改善环境，并制定更加严格、公平、包容和面向长远的社会规范，是现阶段生态文明建设的主要着力点。

表 1-1 是我们收集到的 2015 年我国通过全国人大审议通过的有关生态文明建设的重要法规和由中共中央和国务院发布的有关生态文明建设的重要文件。总体看来，2015 年是生态文明制度建设取得重大突破的一年，我们选择几个影响较大的政策法规逐一作简要介绍。

表 1-1　2015 年我国出台的重要的生态文明建设政策法规

序号	政策法规名称	审议、发文日期	审议、发文单位
1	新《环境保护法》	2014 年 4 月 24 日审议通过，2015 年 1 月 1 日正式实施	第十二届全国人民代表大会常务委员会第八次会议修订
2	《国有林场改革方案》和《国有林区改革指导意见》	2015 年 3 月 17 日	中共中央、国务院
3	《关于加强节能标准化工作的意见》	2015 年 3 月 24 日	国务院办公厅国办发〔2015〕16 号
4	《关于印发水污染防治行动计划的通知》	2015 年 4 月 2 日	国务院国发〔2015〕17 号
5	《关于加快推进生态文明建设的意见》	2015 年 4 月 25 日	中共中央国务院（中发〔2015〕12 号）
6	《环境保护督察方案（试行）》	2015 年 7 月 1 日	习近平主持召开中央全面深化改革领导小组第十四次会议
7	《党政领导干部生态环境损害责任追究办法（试行）》	本办法自 2015 年 8 月 9 日起施行	中共中央办公厅、国务院办公厅
8	《生态环境监测网络建设方案》	2015 年 8 月 12 日	国务院办公厅

（续表）

序号	政策法规名称	审议、发文日期	审议、发文单位
9	《中华人民共和国大气污染防治法》	2015 年 8 月 29 日审议通过，自 2016 年 1 月 1 日起施行	第十二届全国人民代表大会常务委员会第十六次会议第二次修订
10	《生态文明体制改革总体方案》	2015 年 9 月 11 日	中共中央、国务院
11	《关于开展领导干部自然资源资产离任审计的试点方案》	2015 年 11 月 9 日	中共中央办公厅、国务院办公厅
12	《生态环境损害赔偿制度改革试点方案》	2015 年 12 月 3 日	中共中央办公厅、国务院办公厅

安徽在生态文明建设方面起步较早。2004 年 1 月 7 日，安徽省十届人大七次会议批准《安徽省生态省建设总体规划纲要》，从而拉开了生态省建设的大幕。2012 年 11 月 6 日，安徽省发布了《生态强省建设实施纲要》（皖发〔2012〕24 号），文件对推进安徽省生态文明建设工程的指导思想、总体目标、重点任务和保障措施作了全面阐述，标志着安徽省将在"十二五"期间加大建设生态文明的力度。经过 10 年的发展，安徽在生态文明建设方面取得了长足进步，建立并完善了涵盖组织协调、科学规划、政策支撑和监管考核的生态省建设机制，生态文明建设的政策体系不断完善，生态文明建设目标明确，"十大重点工程，七大体系"任务开展情况良好，已经基本形成了一整套开展生态文明建设的思路、机制和做法。从实际效果看，安徽通过生态省建设，在"生态文明先行示范区"等国家级试点示范项目上已经取得突破，"生态环境优化""资源高效利用""生态美好家园""低碳绿色消费"和"生态文化教育"等各类省级试点示范项目不断推进，生态环境总体状况稳定，并基本保持良好，生态文明制度建设不断深化，为进一步深入开展生态文明建设铺垫了较好基础。

2015 年是"十二五"规划的收官之年，是全面深化改革的关键之年，也是新《环境保护法》的实施之年。全省上下深入贯彻实施新

《环境保护法》《安徽省大气污染防治条例》等法律法规，强力推进大气污染防治、总量减排、重点流域水污染防治等工作，深入开展环境保护大检查，严厉打击环境违法行为，取得了明显成效。2015 年，我省提前超额完成国家下达的淘汰黄标车、燃煤小锅炉任务，秸秆禁烧取得历史性突破，环境空气质量有所改善，大气污染防治取得明显成效。特别是 2015 年 6 月 19 日，安徽代省长李锦斌主持召开省政府贯彻党中央国务院重要文件第五次学习会，学习中共中央、国务院《关于加快推进生态文明建设的意见》，国务院《关于印发水污染防治行动计划的通知》。号召各级各部门认真抓好中共中央、国务院《关于加快推进生态文明建设的意见》实施，努力实现生态文明建设新突破。随着以上国家层面 2015 年生态文明建设的政策法规的不断颁布和发布，安徽相应的政策法规也正在积极制定中。

　　表 1-2 是我们收集到的 2015 年安徽省通过省人大审议通过的有关生态文明建设的重要法规和由省政府发布的有关生态文明建设的重要文件。总体看来，安徽省 2015 年的生态文明制度建设取得重要突破，我们选择几个影响较大的政策法规逐一作简要介绍。

表 1-2　2015 年安徽出台的主要的生态文明建设政策法规

序号	政策法规名称	审议、发文日期	审议、发文单位
1	《安徽省大气污染防治条例》	2015 年 1 月 31 日审议通过，自 2015 年 3 月 1 日起施行。	安徽省第十二届人民代表大会第四次会议通过
2	《关于进一步加强我省大别山区生态环境保护工作的通知》	2015 年 2 月 25 日	安徽省人民政府办公厅皖政办秘〔2015〕20 号
3	《关于进一步加强环境监管执法的通知》	2015 年 4 月 10 日	安徽省人民政府办公厅皖政办〔2015〕19 号
4	《关于进一步做好秸秆禁烧和综合利用工作的通知》	2015 年 4 月 14 日	安徽省人民政府办公厅皖政办〔2015〕20 号
5	《关于推行环境污染第三方治理的实施意见》	2015 年 4 月 18 日	安徽省人民政府办公厅皖政办〔2015〕22 号

（续表）

序号	政策法规名称	审议、发文日期	审议、发文单位
6	关于进一步加强《中华人民共和国环境保护法》宣传贯彻工作的通知	2015年7月1日	安徽省人民政府办公厅皖政办秘〔2015〕95号
7	《安徽省节约用水条例》	2015年7月7日、将于10月1日起施行	安徽省十二届人大常委会第二十二次会议审议通过
8	《转发省住房城乡建设厅关于推进城乡建设绿色发展意见的通知》	2015年10月19日	安徽省人民政府办公厅皖政办秘〔2015〕175号
9	《关于加强节能标准化工作的实施意见》	2015年10月27日	安徽省人民政府办公厅皖政办〔2015〕60号
10	《安徽省湿地保护条例》	2015年11月19日通过，将于2016年1月1日起施行	安徽省十二届人大常委会第二十四次会议
11	《关于印发安徽省水污染防治工作方案的通知》	2015年12月29日	安徽省人民政府（皖政〔2015〕131号）

通过第二节和第三节的分析，我们可以看出，生态文明制度建设涉及包括决策制度、评价制度、管理制度、考核制度等内容的方方面面，制度体系越来越完善。相关政策法规的陆续出台，反映了顶层设计科学、体制不断完善、机制有效建立、多措并举配合的良好制度建设态势。

第二节　2015年我国出台的生态文明建设政策法规

一、新《环境保护法》

1979年，全国人民代表大会常务委员会通过并颁布了《中华人民共和国环境保护法（试行）》，1989年12月26日第七届全国人民代表大会常务委员会第十一次会议通过了《中华人民共和国环境保护法》，新《环境保护法》是 2014 年 4 月 24 日由全国人大常委会第八次会议修订通过的，但 2015 年 1 月 1 日起才正式实施。

其出台的背景主要有三个：（1）适应推进生态文明建设的需要。习近平总书记指出，只有实行最严格的制度、最严密的法治，才能为生态文明建设提供可靠保障。（2）顺应社会各界期待的需要。一方面，环保部门的专项立法和地方立法都在等待"新环保法"出台；另一方面，近年来各级人大代表议案、专家学者著述呼吁修订，人民群众期待加快解决雾霾、饮用水、土壤等突出环境问题，新闻媒体和社会舆论的极大关注等都催生了新《环保法》的出台。（3）解决环保领域突出问题的需要。

新《环保法》在三个领域内有重点突破：（1）推动建立符合环境承载能力的绿色发展模式。（2）推动多元共治、联防联治的现代环境治理体系。（3）加重了行政监管部门的责任。

新《环保法》主要呈现六大亮点：（1）立法理念有创新。首次将生态保护红线写入法律，国家在重点生态保护区、生态环境敏感区和脆弱区等区域，划定生态保护红线，实行严格保护，并明确各级地方政府要加大对生态保护的财政转移支付力度，落实生态保护补偿资金，确保其用于生态保护补偿。（2）治理要求更严格。新《环保法》确立了政府的主导责任，明确规定"地方各级人民政府应当对本行政区域内的环境质量负责"；确立了企业的主体责任，明确规定企业事业单位和其他生产经营者必须承担"谁污染、谁治理，谁污染、谁付费"的责任；确立了第三方连带责任，明确规定严格追究环境监测服务、环境影响评价、治污设施运行维护机构等第三方连带责任。（3）监管手段出硬招。新《环保法》增加了环保查封、扣押和限产、停产等处罚措施，改变以前环保监管部门没有执法硬招的时候遇到的尴尬境地。（4）法律责任超严厉。新《环保法》明确规定被责令改正，拒不改正的，依法做出处罚决定的行政机关可以自责令更改之日的次日起，按照原处罚数额按日连续处罚，上不封顶。明确对环境违法企业必要时可以采取行政拘留，构成犯罪的，将严格追究刑事责任。（5）监管模式开始转型。新《环保法》对流域性、区域性的农业面源、水和大气等污染防治提出了新的、更高的要求，更加强调要建立区域联防联控机制。特别是对雾霾等大气污染，做出了有针对性的规定。（6）突出社会公众参与。新《环保法》增设了信息公开、公众参与和公益诉讼专章，这对增强公众保护环境意识，树立公众参与理念，及时发现和制止环境违法行为，具有十分重要的意义和作用。

国家环境保护部也于 2014 年 12 月 19 日起陆续发布了《环境保护主管部门实施按日连续处罚办法》（环境保护部令第 28 号）、《环境保护主管部门实施查封、扣押办法》（环境保护部令第 29 号）、《环境保护主管部门实施限制生产、停产整治办法》（环境保护部令第 30 号）、《企业事业单位环境信息公开办法》（环境保护部令第 31 号）和《行政主管部门移送适用行政拘留环境违法案件暂行办法》，5 个配套办法也于 2015 年 1 月 1 日起一并实施。

二、《国有林区改革指导意见》和《国有林场改革方案》

保护森林和生态是建设生态文明的根基，深化生态文明体制改革，健全森林与生态保护制度是首要任务。国有林场是我国生态修复和建设的重要力量，是维护国家生态安全最重要的基础设施，在大规模造林绿化和森林资源经营管理工作中取得了巨大成就，为保护国家生态安全、提升人民生态福祉、促进绿色发展、应对气候变化发挥了重要作用。但由于长期的过度采伐和管理体制不完善，国有林区可采资源已近枯竭、森林质量下降、生态系统退化、民生问题突出，严重削弱了生态安全保障能力，全面深化国有林区改革势在必行。为加快推进国有林场改革，促进国有林场科学发展，充分发挥国有林场在生态建设中的重要作用，中共中央、国务院印发了《国有林区改革指导意见》和《国有林场改革方案》。这是党中央、国务院首次对我国国有林区改革做出全面系统的部署，是对我国生态文明制度建设做出的一项战略决策。

国有林场的改革重点有三个：一是明确功能定位。将国有林场主要功能明确定位于保护培育森林资源、维护国家生态安全。二是合理界定属性。分 3 类界定国有林场的属性：第一类，原为事业单位的国有林场，主要承担保护和培育森林资源等生态公益服务职责的，继续按公益服务事业单位管理，从严控制事业编制；第二类，原为事业单位的国有林场，基本不承担保护和培育森林资源而主要从事市场化经营的，推进转企改制，暂不具备转企改制条件的，剥离企业经营性业务；第三类，目前已经转制为企业性质的国有林场，原则上保持企业性质不变，或探索转型为公益性企业，确有特殊情况的，可以由地方政府根据本地实际合理确定其属性。三是创新管理机制。

与国有林场类似，国有林区改革的重点也主要有三个方面。一是有序实施"一停一转"。有序停止国有林区天然林商业性采伐，积极推进森林科学经营，加快发展林业产业，转变林区发展方式。这标志着重点国有林区从开发利用转入全面保护的新阶段。二是逐步推进"一分一建"。即逐步推进政企事分开，逐步建立精简高效的国有森林资源管理机构。三是积极推进"两项创新"。即积极创新森林资源的管护机制和监管体制。

三、《关于加强节能标准化工作的意见》

节能标准是国家节能制度的基础，是提升经济质量效益、推动绿色低碳循环发展、建设生态文明的重要手段，是化解产能过剩、加强节能减排工作的有效支撑。"十二五"以来，我国节能标准制度修订步伐明显加快，节能标准体系基本形成，对贯彻落实节约能源法，提高能源利用效率，提升能源管理水平发挥了重要作用。但是，节能标准覆盖面不够、更新不及时、标准有效实施的工作体系不健全，制约了节能标准化作用的有效发挥，必须大力加强节能标准化工作。为此，国务院办公厅于 2015 年 3 月 24 日发布《关于加强节能标准化工作的意见》（简称《意见》）（国办发〔2015〕16 号）。通过创新节能标准化管理机制，健全节能标准体系，强化节能标准实施与监督，有效支撑国家节能减排和产业结构升级，为生态文明建设奠定坚实基础。

意见提出，到 2020 年，建成指标先进、符合国情的节能标准体系，主要高耗能行业实现能耗限额标准全覆盖，80% 以上的能效指标达到国际先进水平，标准国际化水平明显提升。《意见》对进一步加强节能标准化工作作出全面部署。要求适时将能效"领跑者"指标纳入强制性终端用能产品能效标准和行业能耗限额标准指标体系,将"领跑者"企业的能耗水平确定为高耗能及产能严重过剩行业准入指标。能效标准中的能效限定值和能耗限额标准中的能耗限定值应至少淘汰20%左右的落后产品和落后产能。

《意见》强调,坚持准入倒逼、标杆引领、创新驱动、共同治理的基本原则,明确了当前及今后一个时期3个方面的重点工作。一是创新工作机制。建立节能标准更新机制,标准复审周期控制在3年以内,标准修订周期控制在2年以内;探索能效标杆转化机制,适时将能效"领跑者"指标纳入强制性终端用能产品能效标准和行业能耗限额标准指标体系;创新节能标准化服务,建设节能标准信息服务平台,为企业提供标准研制、标准体系建设等定制化专业服务。二是完善标准体系。实施百项能效标准推进工程,形成覆盖工业、能源、建筑、交通、公共机构等重点领域的节能标准体系;实施节能标准化示范工程,探索可复制、可推广的节能标准化经验,推广先进节能技术和设备,提升企业能源利用效率;推动节能标准国际化,扩大节能技术、产品和服务国际市场份额。三是强化标准实施。加强政策与标准的有效衔接,制定相关政策、履行职能应优先采用节能标准;严格执行强制性节能标准,强化用能单位的主体责任;将强制性节能标准实施情况纳入地方各级人民政府节能目标责任考核;加强节能监察力度,鼓励社会各方参与对节能标准实施情况的监督。

四、《水污染防治行动计划》

水环境保护事关人民群众切身利益,事关全面建成小康社会,事关实现中华民族伟大复兴中国梦。当前,我国一些地区水环境质量差、水生态受损严重、环境隐患多等问题十分突出,影响和损害群众健康,不利于经济社会持续发展。为切实加大水污染防治力度,保障国家水安全,2015年4月2日,国务院制定《关于印发水污染防治行动计划的通知》(国发〔2015〕17号),这是当前和今后一个时期全国水污染防治工作的行动指南。

行动计划提出，到 2020 年，全国水环境质量得到阶段性改善，污染严重水体较大幅度减少，饮用水安全保障水平持续提升，地下水超采得到严格控制，地下水污染加剧趋势得到初步遏制，近岸海域环境质量稳中趋好，京津冀、长三角、珠三角等区域水生态环境状况有所好转。到 2030 年，力争全国水环境质量总体改善，水生态系统功能初步恢复。到 21 世纪中叶，生态环境质量全面改善，生态系统实现良性循环。

行动计划的主要指标：到 2020 年，长江、黄河、珠江、松花江、淮河、海河、辽河等七大重点流域水质优良（达到或优于Ⅲ类）比例总体达到 70%以上，地级及以上城市建成区黑臭水体均控制在 10%以内，地级及以上城市集中式饮用水水源水质达到或优于Ⅲ类比例总体高于 93%，全国地下水质量极差的比例控制在 15%左右，近岸海域水质优良（Ⅰ、Ⅱ类）比例达到 70%左右。京津冀区域丧失使用功能（劣于Ⅴ类）的水体断面比例下降 15 个百分点左右，长三角、珠三角区域力争消除丧失使用功能的水体。到 2030 年，全国七大重点流域水质优良比例总体达到 75%以上，城市建成区黑臭水体总体得到消除，城市集中式饮用水水源水质达到或优于Ⅲ类比例总体为 95%左右。

为实现以上目标，行动计划确定了十个方面的措施：一是全面控制污染物排放。针对工业、城镇生活、农业农村和船舶港口等污染来源，提出了相应的减排措施。二是推动经济结构转型升级。加快淘汰落后产能，合理确定产业发展布局、结构和规模，以工业水、再生水和海水利用等推动循环发展。三是着力节约保护水资源。实施最严格水资源管理制度，控制用水总量，提高用水效率，加强水量调度，保证重要河流生态流量。四是强化科技支撑。推广示范先进适用技术，加强基础研究和前瞻技术研发，规范环保产业市场，加快发展环保服务业。五是充分发挥市场机制作用。加快水价改革，完善收费政策，健全税收政策，促进多元投资，建立有利于水环境治理的激励机制。六是严格环境执法监管。严惩各类环境违法行为和违规建设项目，加强行政执法与刑事司法衔接，健全水环境监测网络。七是切实加强水环境管理。强化环境治理目标管理，深化污染物总量控制制度，严格控制各类环境风险，全面推行排污许可。八是全力保障水生态环境安全。保障饮用水水源安全，科学防治地下水污染，深化重点流域水污染防治，加强良好水体和海洋环境保护。整治城市黑臭水体，直辖市、省会城市、计划单列市建成区于 2017 年底前基本消除黑臭水体。九是明确和落实各方责任。强化地方政府水环境保护责任，落实排污单位主体责任，国家分流域、分区域、分海域逐年考核计划实施情况，督促各方履责到位。十是强化公众参与和社会监督。国家定期公布水质最差、最好的 10 个城市名单和各省（区、市）水环境状况。加强社会监督，构建全民行动格局。

五、《关于加快推进生态文明建设的意见》

近年来，我国生态文明建设从实践到理论均取得积极成效，但总体上仍滞后于经济社会发展，突出表现在资源约束趋紧、环境污染严重、生态系统退化三个方面。关于资源约束趋紧。重要资源人均占有量远低于世界平均水平，耕地、淡水人均占有量只相当于世界平均水平的 43%、28%；石油、天然气等战略性资源对外依存度持续攀升，2014 年已经达到 59.5%、31%；特别是发展方式依然比较粗放，进一步加剧了资源约束，我国单位 GDP 能耗是世界平均水平的 2 倍。关于环境污染严重。污染物排放总量远超环境容量，大气、水、土壤污染问题比较突出，雾霾天气频发，2014 年 74 个重点城市中只有 8 个空气质量达标。关于生态系统退化。森林总量不足，草原退化、水土流失、荒漠化等问题严峻，全国生态整体恶化趋势尚未得到根本遏制。资源环境问题已经成为经济社会可持续发展最紧的约束、实现全面建成小康社会最短的短板，是一个躲不开、绕不过、退不得的必须解决的紧迫问题。

2015 年 4 月 25 日，中共中央国务院出台《关于加快推进生态文明建设的意见》（中发〔2015〕12 号），明确了当前和今后一个时期我国生态文明建设的总体要求、主要任务、制度体系和保障措施，这对解决资源环境这个短板会产生巨大深远的影响。《意见》既是落实中央近年关于生态文明建设精神的重要举措，也是基于我国国情做出的战略部署。《意见》把健全生态文明制度体系作为重点，凸显了建立长效机制在推进生态文明建设中的基础地位。

《意见》按照源头预防、过程控制、损害赔偿、责任追究的"16字"整体思路，提出了严守资源环境生态红线、健全自然资源资产产权和用途管制制度、健全生态保护补偿机制、完善政绩考核和责任追究制度等 10 个方面的重大制度。这里简要点几个关键制度：（1）红线管控制度。从资源、环境、生态三个方面提出了红线管控的要求，将各类开发活动限制在资源环境承载能力之内。一个是设定资源消耗的上限，合理设定资源消耗"天花板"；一个是严守环境质量的底线，确保各类环境要素质量"只能更好、不能变坏"；再一个是划定生态保护的红线，遏制生态系统退化的趋势。（2）产权和用途管制制度。在产权制度上，要求对自然生态空间进行统一确权登记；在用途管制上，确定各类国土空间开发、利用、保护边界，实现能源、水资源、矿产资源按质量分级、梯级利用。（3）生态补偿制度。要求加快建立让生态损害者赔偿、受益者付费、保护者得到合理补偿的机制，具体有纵向和横向补偿两个维度。（4）政绩考核和责任追究制度，明确各级党委、政府对本地区生态文明建设负总责，实行差别化的考核机制，要大幅增加资源、环境、生态等指标的考核权重，发挥好"指挥棒"的作用。对于造成资源环境生态严重破坏的领导干部，还要终身追责。

《意见》最突出的亮点或特点有两个方面。（1）通篇贯穿了绿水青山就是金山银山的理念。《意见》从指导思想、基本原则、主要目标、重点任务、制度安排、政策措施等各个方面，体现了这一基本理念。（2）通篇体现了人人都是生态文明建设者的理念。《意见》强调，无论是政府、企业或个人，都是生态文明的重要建设者，生产、生活过程中都应该自觉践行生态文明的要求，合理开发、利用、保护自然资源和生态环境，使生态文明建设成为人人有责、共建共享的过程。

《意见》是中央就生态文明建设做出专题部署的第一个文件，充分体现了以习近平同志为总书记的党中央对生态文明建设的高度重视。《意见》突出体现了战略性、综合性、系统性和可操作性，是当前和今后一个时期推动我国生态文明建设的纲领性文件。党的十八大和十八届三中、四中全会就生态文明建设做出了顶层设计和总体部署，《意见》就是落实顶层设计和总体部署的时间表和路线图，措施更具体，任务更明确。

六、《党政领导干部生态环境损害责任追究办法（试行）》等制度

2015年7月1日，中共中央总书记、中央全面深化改革领导小组组长习近平主持召开中央全面深化改革领导小组第十四次会议，会议审议通过了《环境保护督察方案（试行）》《生态环境监测网络建设方案》《关于开展领导干部自然资源资产离任审计的试点方案》《党政领导干部生态环境损害责任追究办法（试行）》等。

会议强调，现在，我国发展已经到了必须加快推进生态文明建设的阶段，建立环保督察工作机制是建设生态文明的重要抓手，对严格落实环境保护主体责任、完善领导干部目标责任考核制度、追究领导责任和监管责任，具有重要意义；完善生态环境监测网络，关键是要通过全面设点、全国联网、自动预警、依法追责，形成政府主导、部门协同、社会参与、公众监督的新格局，为环境保护提供科学依据；开展领导干部自然资源资产离任审计试点，主要目标是探索并逐步形成一套比较成熟、符合实际的审计规范，明确审计对象、审计内容、审计评价标准、审计责任界定、审计结果运用等，推动领导干部守法守纪、守规尽责，促进自然资源资产节约集约利用和生态环境安全；生态环境保护能否落到实处，关键在领导干部。要坚持依法依规、客观公正、科学认定、权责一致、终身追究的原则，围绕落实严守资源消耗上限、环境质量底线、生态保护红线的要求，针对决策、执行、监管中的责任，明确各级领导干部责任追究情形。对造成生态环境损害负有责任的领导干部，不论是否已调离、提拔或者退休，都必须严肃追责。各级党委和政府要切实重视、加强领导，纪检监察机关、组织部门和政府有关监管部门要各尽其责、形成合力。

随后，中共中央办公厅、国务院办公厅先后于2015年8月9日、8月12日和11月9日下发了《党政领导干部生态环境损害责任追究办

法（试行）》《生态环境监测网络建设方案》和《关于开展领导干部自然资源资产离任审计的试点方案》。

七、《生态文明体制改革总体方案》

为加快建立系统完整的生态文明制度体系，加快推进生态文明建设，增强生态文明体制改革的系统性、整体性、协同性，中共中央、国务院 2015 年 9 月 11 日制定了《生态文明体制改革总体方案》。《总体方案》与此前已经发布的《加快推进生态文明建设的意见》《党政领导干部生态环境损害责任追究办法（试行）》等制度一起，初步完成了我国生态文明建设的顶层设计，将一幅比较完整的生态文明建设蓝图清晰地展现出来。

推进生态文明体制改革的总体方案，就是要搭好基础性框架，构建产权清晰、多元参与、激励约束并重、系统完整的生态文明制度体系。这个方案是生态文明领域改革的顶层设计和部署，改革要遵循"六个坚持"，搭建好基础性制度框架，全面提高我国生态文明建设水平。中央政治局会议强调，推进生态文明体制改革要坚持正确方向，坚持自然资源资产的公有性质，坚持城乡环境治理体系统一，坚持激励和约束并举，坚持主动作为和国际合作相结合，坚持鼓励试点先行和整体协调推进相结合。

生态文明体制改革的目标。到 2020 年，构建起由自然资源资产产权制度、国土空间开发保护制度、空间规划体系、资源总量管理和全面节约制度、资源有偿使用和生态补偿制度、环境治理体系、环境治理和生态保护市场体系、生态文明绩效评价考核和责任追究制度等八项制度构成的产权清晰、多元参与、激励约束并重、系统完整的生态文明制度体系，推进生态文明领域国家治理体系和治理能力现代化，努力走向社会主义生态文明新时代。

八、《中华人民共和国大气污染防治法》

1987 年 9 月 5 日第六届全国人民代表大会常务委员会第二十二次会议通过的《中华人民共和国大气污染防治法》于 1988 年 6 月 1 日生

效，根据 1995 年 8 月 29 日第八届全国人民代表大会常务委员会第十五次会议《关于修改〈中华人民共和国大气污染防治法〉的决定》修正（修正版），2000 年 4 月 29 日第九届全国人民代表大会常务委员会第十五次会议第一次修订，第二次修订已于 2015 年 8 月 29 日由十二届全国人大常委会第十六次会议修订通过，将自 2016 年 1 月 1 日起施行。

该法的制定是为保护和改善环境，防治大气污染，保障公众健康，推进生态文明建设，促进经济社会可持续发展。该法规对大气污染防治的监督管理体制、主要的法律制度、防治燃烧产生的大气污染、防治机动车船排放污染以及防治废气、尘和恶臭污染的主要措施、法律责任等均作了较为明确、具体的规定。该法从修订前的七章 66 条，扩展到现在的八章 129 条，新修订的大气污染防治法条文增加了近一倍，现行法律中几乎所有的法律条文都经过了修改。

其中亮点就是将近年来联防联控、源头治理、科技治霾、重点治霾等大气污染治理经验法制化。（1）联防联控将成新常态。现行《大气污染防治法》缺乏大气污染防治的区域协作机制，只提到城市空气污染的防治，未涉及如何解决区域性大气污染问题，导致行政辖区"各自为战"，难以形成治污合力。这次修订后的《大气污染防治法》使我国大气污染治理模式发生改变，将由过去属地管理向区域联防联控转变，由单打独斗向齐心协力、群策群力转变。（2）源头治理发力精准。目前，机动车尾气污染和散煤燃烧污染是我国大气污染的重要来源。但是长期以来，由于机动车尾气污染治理成效不明显，煤炭消费量居高不下，致使大气污染治理困局难解。该法修改后增加规定：一是制定燃油质量标准，应当符合国家大气污染物控制要求；二是石油炼制企业应当按照燃油质量标准生产燃油。为了控制煤炭消费总量，减少燃煤大气污染，该法提出，国务院有关部门和地方各级人民政府应当采取措施，推广清洁能源的生产和使用，逐步降低煤炭在一次能源消费中的比重，同时要求地方各级人民政府加强民用散煤的管理，禁止销售不符合民用散煤质量标准的煤炭。（3）科技将在治霾中发挥更大作用。新大气污染防治法提出，国家鼓励和支持大气污染防治的科学技术研究，推广先进适用的大气污染防治技术和装备，促进科技成果转化，发挥科学技术在大气污染防治中的支撑作用；鼓励和支持开发、利用清洁能源。（4）环保罚款取消 50 万元封顶。一直以来，环境污染"违法成本低，守法成本高"，导致环保法罚则虚设、执行不力。新《大气污染防治法》规定了大量有针对性的措施，并设定了相应的处罚责任，具体的处罚行为和种类接近 90 种，提高了法律的操作性和针对性。该法取消了现行法律中对造成大气污染事故企业事业单位罚款"最高不超过 50 万元"的封顶限额，同时增加了"按日计罚"的规定。另外还增加了其他罚款新规定。

九、《生态环境损害赔偿制度改革试点方案》

党的十八届三中全会提出生态环境损害赔偿制度是生态文明制度建设的重要内容，体现生态环境有价，损害担责的保护理念。由于目前存在法律体系不健全、技术支撑薄弱、社会化资金分担机制未建立等诸多问题，导致生态环境损害得不到足额赔偿，生态环境得不到及时修复，需要尽快建立生态环境损害赔偿制度。制定颁布《生态环境损害赔偿制度改革试点方案》（以下简称《方案》），是追究生态环境损害赔偿责任、保护生态环境资源和推动生态文明制度建设的重要举措。《方案》是国家层面首次以制度化的方式对生态环境损害赔偿制度进行的较系统和完善的规定，并且具有诸多亮点与特色。

一是《方案》明确了总体要求和目标。确定 2015—2017 年选择部分省份开展试点工作，2018 年起在全国试行，到 2020 年，力争初步构建责任明确、途径畅通、技术规范、保障有力、赔偿到位、修复有效的生态环境损害赔偿制度。《方案》主要规定了适用范围、试点原则、损害赔偿范围、赔偿权利人和赔偿义务人、赔偿程序、赔偿责任承担方式，和相应的技术、资金管理等问题。

二是明确试点原则。《方案》提出"依法推进，鼓励创新；环境有价，损害担责；主动磋商，司法保障；信息共享，公众监督"的试点原则。

三是提出适用范围。《方案》适用于因污染环境、破坏生态导致的生态环境要素及功能的损害，即生态环境本身的损害。涉及人身伤害、个人和集体财产损失以及海洋生态环境损害赔偿的，分别适用《侵权责任法》和《海洋环境保护法》等相关法律规定，不适用于本方案。

四是明晰试点内容。《方案》提出8项试点内容：确定赔偿范围，明确赔偿义务人，确定赔偿权利人，建立生态环境损害赔偿磋商机制，完善相关诉讼规则，加强赔偿和修复的执行和监督，规范鉴定评估，加强资金管理。

五是强调保障措施。《方案》要求试点地方加强组织领导，成立试点工作领导小组，制定试点实施意见；加强国家有关部门对试点的业务指导；加快建设国家技术体系；加大经费和政策保障；推动信息公开和鼓励公众参与。

第三节　2015年安徽出台的生态文明建设政策法规

一、《安徽省大气污染防治条例》

2015年1月31日，《安徽省大气污染防治条例》（简称《条例》）经省十二届人大四次会议表决通过。这是本届省人大制定的第一部法规。条例分为九章102条，以切实解决大气污染防治中存在的突出问题为导向，坚持环境保护优先原则，着力全面规范、全程监管、严格制度、严厉惩治，突出系统性、针对性、有效性和可操作性，将为我省大气污染防治工作提供重要的法制保障。《条例》明确大气污染防治由末端治理向源头控制延伸，实行多污染源全过程监管，严厉整治违法行为，与长三角区域以及其他相邻省建立区域大气污染联防联控机制。条例于2015年3月1日起施行。

《条例》以切实解决突出问题为导向，《条例》对全面提升我省大气污染防治水平和成效，具有重要而深远的意义。

作为我省首部针对大气污染防治的综合性地方法规，《条例》立足本省实际，诸多条款体现安徽特色。（1）末端治理向源头控制延伸。防治大气污染，源头控制是治本之策。《条例》因此由末端治理向源头控制延伸，提出严格的全过程控制要求。《条例》从调整产业政策、产业布局等方面强化了大气污染的源头防控。（2）实行多污染源全过程监管。造成大气污染的污染源众多，条例不仅对工业和移动源废气排放、扬尘，以及秸秆焚烧等多污染源防治进行规范，还以排污许可制度为主线，对排污实行全过程监管。并分别设专章针对区域和城市、工业、机动车船及其他大气污染防治予以规定。（3）严厉整治提高违法成本。从内容上看，《安徽省大气污染防治条例》可谓"史上最严"，诸多规定颇具"震慑力"。（4）首次参与长三角协作立法。作为立法实践的创新之举，《安徽省大气污染防治条例》是我省参与长三角区域立法协作的首个立法项目，内容因此包括了建立区域大气污染联防联控机制。

二、《关于进一步加强我省大别山区生态环境保护工作的通知》

安徽省政府办公厅于 2015 年 2 月 25 日发布《关于进一步加强我省大别山区生态环境保护工作的通知》（简称《通知》），要求落实最严格水资源管理制度，按照"三条红线""四项制度"的管理要求，切实加强大别山区水资源保护。

大别山区是我国重要的生态功能区和长江中下游地区重要的生态安全屏障。对此，《通知》强调要认真做好大别山优质水源保护，加大对大别山区水库群生态环保投入，重点保护水质较好湖泊，保障城市供水水源地安全。同时，启动实施新一轮退耕还林、天然林保护工程，给予大别山区重点扶持。争取岳西枯井园省级自然保护区升格为国家级，大别山库区湿地纳入国家湿地补偿范围。另外，提高森林生态效益补偿标准，从 2015 年起，省级公益林补偿标准由每年 10 元/亩提高到 15 元/亩。鼓励社会资本投入大别山区林业生态建设。继续加大对大别山区"三线三边"绿化提升行动的支持力度，加强矿山地质环境治理，加快推进园林县城、园林城镇、森林城镇、森林村庄和森林长廊创建，全面提升大别山区城市和村庄绿化水平。

《通知》还要求省有关部门支持大别山区申报各类国家生态文明试点示范，并积极探索建立大别山区综合性生态补偿机制。要以保护为前提，重点加强大别山区生态旅游、红色旅游、文化旅游和休闲度假旅游开发，推动大别山区文化与旅游融合发展。

三、《关于进一步加强环境监管执法的通知》

2015年4月10日，安徽省政府出台《关于进一步加强环境监管执法的通知》，加大对环境问题突出地区的明察暗访力度。（1）环境失信企业一次违法处处受限。我省还将建立环境信用评价制度，将环境违法企业列入"黑名单"并向社会公开，将其环境违法行为纳入社会信用体系，让失信企业一次违法、处处受限。（2）违法违规建设项目将被清理。我省全面清理违法违规建设项目，对违反建设项目环境影响评价制度和"三同时"制度，越权审批但尚未开工建设的项目，一律不得开工；未批先建、边批边建、资源开发以采代探的项目，一律停止建设或依法依规予以取缔。（3）全省每年都会开展环境稽查。省环保厅要加强巡查，每年按照监察计划的要求和比例，采取"不定时间、不打招呼、不听汇报，直奔现场、直接检查、直接曝光"的方式，以国家和省级重点监控企业为重点，对各类企业执行环保规定、污染物排放等情况进行抽查，并加大对环境问题突出地区的明察暗访力度。（4）行政执法与刑事处罚全面联动。环境执法一直面临"执行难"的问题，这个问题也将有所解决。各级环保、公安部门要于2015年底前建立联动执法联席会议、常设联络员、重大案件会商督办等制度，实现行政处罚和刑事处罚无缝衔接。地方领导人或国家工作人员对环境违法行为纵容、查处不力、利用职权干预、阻碍环境监管执法的，都将追究责任。

四、《关于推行环境污染第三方治理的实施意见》

党的十八届三中全会通过的《中共中央关于全面深化改革若干重大问题的决定》，把"推行环境污染第三方治理"作为加快生态文明制度建设的重点任务，明确要求"建立吸引社会资本投入生态环境保护的市场化机制"。中央全面深化改革领导小组把研究提出《推行环境污染第三方治理的意见》列为2014年度一项重点改革任务。2014年11

月，国务院印发的《关于创新重点领域投融资机制鼓励社会投资的指导意见》（国发〔2014〕60号），也将"大力推行环境污染第三方治理"列为10项配套重点政策措施之一。2014年12月27日国务院办公厅出台了《国务院办公厅关于推行环境污染第三方治理的意见》（国办发〔2014〕69号，以下简称《意见》），要求各地结合实际制定细化政策，积极推行环境污染第三方治理。2015年4月18日，安徽省政府办公厅印发了《安徽省人民政府办公厅关于推行环境污染第三方治理的实施意见》（皖政办〔2015〕22号，以下简称《实施意见》）。《实施意见》明确了我省推行环境污染第三方治理的总体要求、重点领域、主要任务和保障措施。这是我省首次发文推动环境污染第三方治理，对新形势下环境污染治理工作推进、环境服务业发展都将产生积极和深远的影响。

环境污染第三方治理（以下简称"第三方治理"），是指排污企业或政府以签订合同的方式支付费用，委托环境服务公司进行污染治理，可以应用于环境公用设施建设运营、区域环境综合治理、工业污染治理等多个领域。相对原有的"谁污染、谁治理"政府主导、企业自觉的传统治污模式，第三方治理将市场机制引入环境污染治理，以"谁污染、谁付费、专业化治理"为原则，推行治污集约化、产权多元化、运行市场化，将污染治理委托给专业化环境服务公司进行，对提高污染治理专业化水平和治理效果、吸引和扩大社会资本投入环境治理领域、推动环保产业特别是环境服务业加快发展具有积极作用。

为保障国家《意见》的贯彻落实不走样、不跑偏，结合我省实际，《实施意见》第二部分对我省推行第三方治理的重点领域做了进一步的明确。（1）在环境公用设施领域，重点是深化经营管理体制改革，推广运用政府和社会资本合作、环境绩效合同服务等模式，广泛吸引社会资本参与污水垃圾处理设施建设运营、城镇污染场地治理、区域性环境整治和环境监测服务等。（2）在工业园区企业领域，分别明确了在工业集聚区、高污染行业和重点污染监管企业领域推行第三方治理模式的路径。

五、《安徽省节约用水条例》

安徽省十二届人大常委会第二十二次会议审议通过、于 2015 年 10 月 1 日起施行的《安徽省节约用水条例》（简称《条例》），顺应"绿色发展"时代潮流，突出地方特色，落实最严格水资源管理制度，对科学合理利用水资源做出全面规定。

《条例》主要主要有：（1）明确各级政府职责，共建节水型社会。《条例》不仅要求各级人民政府应将节约用水纳入国民经济和社会发展规划，还进一步明确了乡镇、街道办事处、开发园区管理机构的节约用水职责。（2）鼓励公民举报浪费水行为，强化社会监督。任何单位和个人都有节约用水的义务，有权举报浪费水和不履行节约用水监管职责的行为。建立健全对浪费水行为的举报制度，有利于调动群众监督的积极性，有利于全社会参与到节约用水活动中。（3）总量控制和定额管理相结合，坚持统筹规划综合利用。省人民政府有关行业主管部门制定行业用水定额，经水行政主管部门和质监部门审核同意后，由省人民政府公布。无行业主管部门的用水定额，由水行政主管部门会同质监部门制定。设区的市人民政府可以根据本地区水资源状况，制定严于省规定的用水定额。县级以上人民政府水行政主管部门应当根据批准的水量分配方案和年度预测来水量，制定年度水量分配方案。（4）居民生活用水实行阶梯式水价，深化水价改革。居民生活用水实行阶梯式水价制度，具体办法由设区的市人民政府按照补偿成本、合理收益、促进节水、公平负担的原则和定价权限制定。（5）优化水资源论证方式，进一步简政放权。新建、改建、扩建建设项目，法律、行政法规规定需要进行水资源论证的，建设单位应当提交水资源论证报告；取水量较少并对周围生态与环境影响较小的建设项目，可以不编制水资源论证报告，但应当依法填写水资源论证表，并报有关主管部门。（6）针对不同地貌因地制宜，分类指导各地区节水。皖北平原地区应当限制高耗水、重污染产业发展，提高城镇污水处理标准，加强污水、采矿排水再生利用；支持规模农业使用高效节水灌溉技术；对地下水超采地区，应当制定综合治理措施，控制开采量，逐步实现采补平衡。江淮丘陵地区应当调整农业产业结构，合理配置水资源，推进优水优用；加快灌区节水改造，推广旱作农业技术。大别山区、皖南山区、其他易旱地区中的极度缺水的地方，设区的市、县级人民政府应当有针对性地制定节水措施，加大扶持力度，调整种植结构，因地制宜兴建集水、蓄水、节水工程。（7）在线监控用水大户，建立水资源监控体系。县级以上人民政府水行政主管部门应当加强对纳入取水许可管理的单位和其他用水大户的用水监控管理，建立用水单位重点监控名录，并对其进行在线监控，实时采集用水数据。（8）鼓励使用再生水，缓解水资源短缺。县级以上人民政府应当加强再生水利用设施建设，提高再生水利用率。

六、《关于转发省住房城乡建设厅关于推进城乡建设绿色发展的意见》

2015年4月，党中央、国务院出台了《关于加快推进生态文明建设的意见》，要求把生态文明建设放在突出的战略位置，融入经济、政治、文化、社会建设各方面和全过程，协同推进新型工业化、城镇化、信息化、农业现代化和绿色化，大力推进绿色发展、循环发展、低碳发展，加快形成人与自然和谐发展的现代化新格局。《国家新型城镇化试点省安徽总体方案》中也明确提出要着力优化城镇生态环境，将生态文明理念全面融入城市发展，推进绿色城市建设。2015年10月19日，安徽省政府办公厅出台了《关于转发省住房城乡建设厅关于推进城乡建设绿色发展的意见》，标志着我省住房城乡建设事业步入可持续发展的新轨道。

《意见》主要体现出以下特点：（1）突出规划引领，体现城乡统筹发展。一是着力构建"以巢湖为生态核心，大别山区、皖南山区、江淮丘陵区和皖北地区为主要生态功能区，长江、淮河、新安江、梅山—巢湖—裕溪河、沙颍河—沘河—菜子湖和北坨河—池河—巢湖为主要生态保育带"的"一核四区六带"省域生态安全格局。二是完善绿色城乡规划体系。三是提升绿色空间品质。（2）突出功能提升，体现产城融合发展。一是以海绵城市建设、地下综合管廊建设和中水回用工程推广为重点，大力提升城镇基础设施科学管理、安全运行的能力和水平。二是持续推进城镇园林绿化提升行动，不断完善城镇园林绿地系统。三是加强城市环境治理，加大建筑工地、城市道路扬尘治理力度，强化城镇生活污水、垃圾处理设施运行管理，开展城镇生活垃圾分类和建筑垃圾资源化利用。四是推动城市智慧管理，以推进智慧城市公共信息平台建设一体化、城市基础设施管理智能化、城市综合管理智慧化为重点，努力提升城市管理智慧化水台。（3）突出绿色建造，体现行业转型发展。一是实施建筑能效提升工程。二是推动绿色建筑规模化发展。（4）突出政策整合，体现部门联动推进。住建厅将与省发展改革、科技、财政、国土资源、环保、商务、税务等相关部门，共同研究制定推动城乡建设绿色发展的支持政策，整合相关资金，对绿色生态城市综合试点示范等重点项目实施"以奖代补"。

七、《安徽省湿地保护条例》

湿地被称为"地球之肾"。安徽省湿地面积大、分布广、类型多，是全国湿地资源比较丰富的省份。据全国第二次湿地资源调查统计，安徽省湿地面积 104.18 万公顷，占全省国土总面积的 7.47%；现有国家重要湿地 5 个、省级以上湿地自然保护区 15 个、省级以上湿地公园 29 个。省十二届人大常委会第二十四次会议通过、于 2016 年 1 月 1 日起施行的《安徽省湿地保护条例》（简称《条例》），对湿地的规划、保护、利用等做出规定。

为提高全社会湿地保护意识，《条例》要求确定每年的 11 月 6 日为安徽湿地日。县级以上政府有关部门应当加强湿地保护宣传教育工作，普及湿地知识，增强全社会湿地保护意识。同时，鼓励公民、法人和其他组织以志愿服务、捐赠等形式参与湿地保护。《条例》还明确指出，任何单位和个人都有保护湿地的义务，对破坏、侵占湿地的行为有投诉、举报的权利。县级以上政府林业部门应建立投诉举报受理和查处制度，公布投诉举报受理方式，及时查处破坏、侵占湿地的行为。

划定湿地生态红线，有利于保护湿地生态功能区，减缓与控制生态灾害,保障人居环境安全。《条例》规定,县级以上政府应当科学合理划定湿地生态红线,确保湿地生态功能不降低、面积不减少、性质不改变。城市总体规划及相关专项规划应当对规划区内的湿地进行规划控制,推进城市恢复既有湿地和建设人工湿地。《条例》还结合我省实际,要求采煤塌陷区所在地县级以上政府应当综合治理塌陷区水面、洼地,有条件的地方可以利用塌陷区的积水区域建立湿地公园、湿地保护小区等。

建立资源档案,编制保护规划,增强湿地保护科学性。省人民政府林业行政主管部门应当会同有关部门编制全省湿地保护规划。设区的市、县级人民政府林业行政主管部门应当会同有关部门,根据上一级湿地保护规划组织编制本行政区域湿地保护规划。《条例》规定,要定期组织开展湿地资源调查,对湿地资源变化情况进行监测,建立湿地资源档案,实行信息共享。

建立分级保护制度,实行湿地名录管理。湿地根据其重要程度、生态功能等,分为重要湿地和一般湿地。重要湿地分为国际重要湿地、国家重要湿地和省重要湿地。《条例》要求建立湿地分级保护制度,根据湿地重要程度和生态功能,分为重要湿地和一般湿地,并明确重要湿地保护范围内的禁止行为,提高湿地保护的针对性和有效性。实行湿地名录管理,申报列入国际重要湿地、国家重要湿地名录的,按国家有关规定执行;省重要湿地的名录及其保护范围的划定与调整,由省人民政府林业行政主管部门会同有关部门提出方案,报省人民政府批准后公布;一般湿地的名录及其保护范围的划定与调整,由所在地设区的市、县级人民政府林业行政主管部门会同有关部门提出方案,报本级人民政府批准后公布。

按标准和规范恢复、建设湿地。县级以上人民政府应当按照湿地保护规划,坚持以自然恢复为主、与人工修复相结合,采取退耕还湿、轮牧禁牧限牧、移民搬迁、平圩、植被恢复、构建湿地生态驳岸等措施,重建或者修复已退化的湿地生态系统,恢复湿地生态功能,扩大湿地面积。

八、《安徽省水污染防治工作方案》

为贯彻落实《国务院关于印发水污染防治行动计划的通知》（国发〔2015〕17号）精神，坚持绿色发展理念，切实加强水污染防治，努力改善水环境质量，保障广大人民群众身体健康，结合我省实际，2015年12月29日，安徽省人民政府下发了《关于印发安徽省水污染防治工作方案的通知》（简称《方案》皖政〔2015〕131号）。

根据《方案》，到2020年，全省水环境质量得到阶段性改善，污染严重水体较大幅度减少，饮用水安全保障水平持续提升，皖北地区地下水污染趋势得到遏制，水生态环境状况明显好转，确保引江济淮输水线路水质安全。到2030年，全省水环境质量总体改善，水生态系统功能初步恢复。到21世纪中叶，生态环境质量全面改善，生态系统实现良性循环。主要指标，到2020年，长江流域水质优良（达到或优于Ⅲ类）断面比例达83.3%，淮河流域水质优良断面比例达57.5%，新安江流域水质保持优良，引江济淮输水线路水质达到工程规划要求。地级及以上城市建成区黑臭水体控制在10%以内，地级市集中式饮用水水源水质达到或优于Ⅲ类比例高于94.6%，县级集中式饮用水水源水质达到或优于Ⅲ类比例高于91.9%，地下水质量考核点位水质级别保持稳定。到2030年，全省水质优良断面比例总体达80%以上；城市建成区黑臭水体总体得到消除；县级及以上集中式饮用水水源水质持续保持稳定。

我省《方案》严格贯彻落实国家《水十条》的要求，为确保任务目标的落实，提出了4个方面17项防治任务，全面打响我省水污染防治"攻坚战"。具体要求包括：一是全力保障水生态环境安全。主要有：深化重点流域水污染防治、保障饮用水水源安全、整治城市黑臭水体、加强良好水体保护、防治地下水污染、保护水和湿地生态系统。二是全面控制污染物排放。主要有：狠抓工业污染防治、强化城镇生活污染治理、推进农村污染防治、加强河湖养殖区污染管控、加强船舶港口污染控制。三是推动经济结构转型升级。主要有：调整产业结构、优化空间布局、推进循环发展。四是着力节约保护水资源。主要有：控制用水总量、提高用水效率、科学保护水资源。

第二章　安徽生态文明发展水平测度

安徽省高度重视生态文明建设，2004 年 1 月，安徽省十届人大七次会议批准《安徽省生态省建设总体规划纲要》，拉开了"生态省"建设的大幕。2012 年 11 月，安徽省发布了《生态强省建设实施纲要》（皖发〔2012〕24 号），文件对推进安徽省生态文明建设工程的指导思想、总体目标、重点任务和保障措施作了全面阐述，标志着安徽省加快建设生态文明工作的全面展开。2015 年 4 月，中共中央、国务院发布《关于加快推进生态文明建设的意见》后，全国又将迎来生态文明建设向纵深发展，也将带来安徽生态文明建设更大的发展。本章主要是通过运用"驱动力—状态—响应"（DSR）模型，采用主成分分析法测度 2008—2014 年安徽生态文明发展水平，分析安徽生态文明建设的发展态势与不足，以便为安徽生态文明建设的政策制定提供支撑。

第一节　模型的选择和指标体系的构建

一、模型选取

"驱动力—状态—响应"（DSR）模型最早是在 1996 年的联合国（UN）和国际经济与合作组织（OECD）的环境政策和报告中发展起来的，是一项用于反映可持续发展机理的概念框架。它从系统分析的角度看待人和环境系统的相互作用，将系统模型解构为驱动力（Drivingforce）、状态（State）和响应（Response）三个部分，提供了研究问题的思路、原则、方法和框架，帮助选择相关要素和指针、组织数据或信息，能够保证重要的要素和信息不被忽略，以全面分析、解决环境问题或可持续发展问题。

本研究选择使用 DSR 模型对安徽生态文明发展进行研究，从驱动力—状态—响应的逻辑关系出发，构建生态文明发展水平测度指标体系。这种模型选择的优点是可以全面分析人类社会经济等系统的驱动力，即对生态文明或环境的压力，以至于造成了其状态的改变，并且对人类产生的负面影响。同时，DSR 模型体系可以分析造成环境恶化的本质原因，也可以分析在何种压力作用下产生的负面状况，最后针对这些状况和原因提出相应的解决措施。

该模型的基本思路是：人类社会经济等系统的"驱动力"，对资源和环境产生了压力，改变了环境的"状态"和自然资源的质量与数量，并对人类产生了消极的影响；人类社会行政、法律等措施做出"响应"，维持环境系统的可持续性。该模型构造框架如图 2-1 所示，"驱动力"是指规模较大的社会经济活动和产业的发展趋势，是造成环境变化的潜在原因；"状态"是区域环境的动态变化，是环境在压力下所处的状况；"响应"是人类在促进可持续发展进程中所采取的调控措施，如相关法律的制度、环保条例的颁布及其配套政策的实施等。

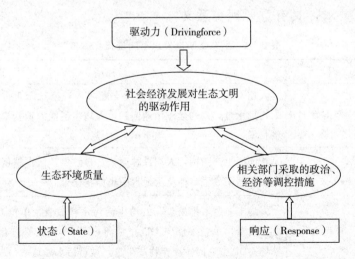

图 2-1　DSR 模型构造框架图

二、指标体系的构建

按照构建原则要求，将生态文明建设水平测度指标体系分为准则层、因素层和指标层三个层次。准则层包括驱动力指标、状态指标和响应指标。驱动力指标表征人类经济和社会活动对环境的作用，以经济发展为因素层，包括人均 GDP、人口自然增长率、第三产业占 GDP 比重等。

状态指标表征特定时间环境状态和经济质量的状况，以生态健康、环境友好、社会和谐为因素层，包括有人均森林面积、人均工业废水排放量、人均公共绿地面积等。

响应指标指社会采取行动来减轻、恢复和预防人类活动对环境的负面影响，以管理科学为因素层，包括城市环境基础设施建设投资额，环境污染治理投资额，人均教育经费，R&D 经费占 GDP 比例，生态文明规划完备情况，生态试点建设情况。

由此构建生态文明建设水平测度指标体系（见表 2-1 所列），其中在响应准则层中新加入生态文明规划完备情况、区域的生态乡镇的建设情况。这些增加反映新形势下区域生态文明建设的现状和对经济发展的新要求，具有重要现实意义。

表 2-1　生态文明建设水平测度指标体系

准则层	因素层	指标层
驱动力	经济发展	人均 GDP，城镇居民人均可支配收入，第三产业占 GDP 比重，人均用水量，人均建设用地面积，人均生活能源消费量，人口自然增长率
状态	生态健康	新能源生产结构，人均森林面积，自然保护区占辖区面积，湿地占国土面积比重，沙化土地占国土面积比重
	环境友好	人均工业废水排放量，人均生活污水排放量，单位 GDP 二氧化硫排放量，单位 GDP COD 排放量，单位 GDP 氨氮化物排放量，单位 GDP 工业固体废弃物产生量，城市污水处理率
	社会和谐	人均公共绿地面积，改水累计收益人口比重，单位农业产值化肥施用量，单位农业产值农药使用量

（续表）

准则层	因素层	指标层
响应	管理科学	城市环境基础设施建设投资额，环境污染治理投资额，人均教育经费，R&D经费占GDP比例，生态文明规划完备情况，生态试点建设情况

三、指标的解释

驱动力方面：本研究选取的有人均GDP，城镇居民人均可支配收入，第三产业占GDP比重，人均用水量，人均建设用地面积，人均生活能源消费量，人口自然增长率7个指标层。具体解释如下：

（1）人均GDP是指该地区平均每人的生产总值的数量。

其计算公式为：该地区本年度GDP总额/本年度该地区人口总数

（2）第三产业占GDP比重是指该地区第三产业总产值占GDP总量的比例。

其计算公式为：第三产业产值/地区GDP总产值×100%

（3）人均建设用地面积是指该地区平均每人所占有的建设用地的数量。

其计算公式为：建设用地面积总和/年末人口总数

（4）人均用水量是指每一用水人口平均每天的生活用水量。

其计算公式：人均日生活用水量＝全社会用水总量/用水总人口

（5）人均生活能源消费量是指该地区平均每人所消费的能源量（煤炭、电力、煤油、液化石油气、天然气、煤气）；城镇居民人均可支配收入是指城镇居民的实际收入中能用于安排日常生活的收入，用以衡量城市居民收入水平和生活水平。人口自然增长率是指一定时期内人口自然增长数与该时期内平均人口数之比，数据直接从地区统计年鉴获取。

状态方面：本研究选取的有人均森林面积，自然保护区占辖区面积，湿地占国土面积比重，沙化土地占国土面积比重，人均工业废水排放量，人均生活污水排放量，单位GDP二氧化硫排放量，单位GDP COD排放量，单位GDP氨氮化物排放量，单位GDP工业固体废弃物产生量，城市污水处理率，农业生态社会发展状况来考察，选取的有人均公共绿地面积，改水累计收益人口比重，单位农业产值化肥施用量，单位农业产值农药使用量共 16 个指标。具体解释如下：

（1）新能源生产结构是指新能源占能源生产的比重

其计算公式为：新能源生产量/能源生产量×100%

（2）人均森林面积是指某段时期该地区森林面积与年末人口数的比重。

其计算公式为：森林面积/年末人口数×100%

（3）自然保护区占辖区面积比重是指某段时期内该地区自然保护区面积占辖区面积的比重。

其计算公式为：自然保护区面积/所在地区总面积×100%

（4）湿地占国土面积比重是指某时期该地区湿地面积占该地区国土面积比重。

其计算公式为：该地区湿地面积/国土面积×100%

（5）沙土面积占国土面积比重是指某时期该地区沙土面积占该地区国土面积比重。

其计算公式为：该地区沙土面积/国土面积×100%

（6）人均工业废水排放量是指某时期该地区每人平均的工业废水排放量。

其计算公式为：工业废水排放量/年末人口数

（7）人均生活污水排放量是指某时期该地区居民每年排放的生活污水。

其计算公式为：生活污水排放量/年末人口数

（8）单位 GDP 二氧化硫排放量是指一段时间内某地区二氧化硫排放量与某地区生产总值的计算。

其计算公式为：二氧化硫排放量/地区生产总值

（9）单位 GDP COD 排放量是指一段时期内某地区氨氮排放量与地区生产总值的比重。

其计算公式为：COD 排放量/地区生产总值×100%

（10）单位 GDP 氨氮排放量是指一段时期内某地区氨氮排放量与

地区生产总值的比重。

其计算公式为：氨氮排放量/地区生产总值

（11）单位 GDP 工业固体废弃物产生量是指一段时期内某地区工业固体废弃物产生量与地区生产总值的比重。

其计算公式为：工业固体废弃物/地区生产总值×100%

（12）城市污水处理率是指城市污水处理量与污水排放总量的比率。

其计算公式为：城市污水处理量/城市污水排放总量×100%

（13）人均公共绿地面积是指每人拥有的公共绿地面积。

其计算公式为：公共绿地面积/年末总人口数

（14）改水累计收益人口比重是指某时期该地区农村改水受益人口占农村人口比重。

其计算公式为：农村改水受益人口/农村人口×100%

（15）单位农业产值化肥施用量是指某时期该地区化肥施用量占农业总产值的比重。

其计算公式为：该地区化肥施用量/农业总产值×100%

（16）单位农业产值农药使用量是指某时期该地区农药使用量占农业总产值的比重。

其计算公式为：该地区农药使用量/农业总产值

响应方面： 本研究选取的有城市环境基础设施建设投资额，环境污染治理投资额，人均教育经费，R&D 经费占 GDP 比例，生态文明规划完备情况，生态试点建设情况 6 个指标。具体如下：

（1）城市环境基础设施建设投资额，环境污染治理投资额反映城市环保保护治理的投资情况。

（2）人均教育经费是指平均到每人拥有的财政支出中教育经费支出的数量。

其计算公式为：财政支出中科学技术支出/地区生产总值×100%

（3）R&D 经费占 GDP 比例是指财政支出中科学技术支出占地区生产总值的比重。

其计算公式为：财政支出中科学技术的支出/地区生产总值×100%

（4）生态文明规划完备情况是指该地区相关部门（环保局、林业局、水利局、发展改革委员会、人民政府）颁布实施的各类生态文明规划文件汇总情况。

其计算公式为：根据是否公布生态文明专项规划文本分别赋值，将生态文明建设中节能减排、绿化环保与集约资源利用文件赋值为1，生态文明建设试点、示范区文件赋值为2，由文件赋值累计数据反映生态文明规划完备情况。

（5）生态试点建设情况是近年来国家环保部开展的生态文明试点（生态乡镇、生态村、生态建设试点、国家级生态示范区、全国生态示范区建设试点）创建中进展情况。由区域的生态乡镇的建设情况、行政区划网得知区域的乡镇总数，求出生态累计乡镇所占总数的比重以及生态文明试点创建情况来反映新增的生态文明试点创建情况。

其计算公式为：各类生态文明创建试点累计数量/行政区划数量

第二节　安徽生态文明发展水平测度

一、安徽省经济发展基本情况

安徽省经济发展指标层变量在2009—2014年的增长率变化情况如图2-2所示。

经济发展状况在数量层面上均呈增加趋势。经济快速发展使经济总量不断增加，但具体指标的增长率有所不同。2009—2014年，人均用水量增长率大致呈下降趋势，2012年与2014年出现负增长，反映出社会公众用水量减少，水资源利用率提高，节水意识增强。人均生活能源消费量在2014年首次出现负增长，显示在节能减排总体要求下，公众节约能源、降低能源消耗的意识增强。人口自然增长率则一直稳定在较低的水平上。人均GDP、城镇居民人均可支配收入增长率一直保持在较高水平上，反映出公众生活水平不断提升。第三产业占GDP比重增长率在2012年以来均为正值，展现出安徽省经济发展的良好态势。近年来，安徽省大力发展新兴产业和现代服务业，改造升级传统产业，把服务业发展放到更加突出的位置，着力构建有竞争力的现代产业体系，有力提升了第三产业占 GDP 的比重。

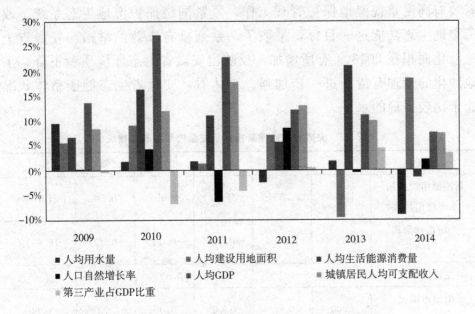

图 2-2① 安徽省经济发展指标层变量增长率基本情况

二、安徽省生态健康基本状况

安徽省生态健康指标层变量在 2009—2014 年的增长率变化情况见表 2-2 所列。新能源生产结构总体较好。水能、风能、核电等新能源所占比重有很大提高，2014 年增长率达 21.74％，这与安徽省大力支持发展新能源离不开关系。近几年，安徽省人均森林面积变化不明显，但在 2014 年有较大提升，人均森林面积增加到 0.07 公顷，不过仍然远低于全国人均水平。自然保护区占辖区面积比重增长率在 2012 年增长为正值，但近两年来有所下降。湿地占国土面积比重与沙化土地占

① 图 2-2 中柱状线从左到右依次代表以下变量 2009—2014 年增长率：人均用水量、人均建设用地面积、人均生活能源消费量、人口自然增长率、人均 GDP、城镇居民人均可支配收入、第三产业占 GDP 比重。

国土面积比重在 2009—2012 年增长率均为 0，反映出在这 3 年中安徽省湿地面积与土地沙化面积无变化，2013 年湿地面积与土地沙化面积显著增加，而 2014 年则维持在 2013 年的水平上。近两年来，省委、省政府高度重视湿地保护管理工作，紧紧围绕保护湿地生态系统、改善湿地生态功能这一目标，采取了一系列卓有成效的举措。安徽省土地沙化面积在 2013 年有所增加，反映出安徽省生态环境质量下降，土地沙化的治理有待于进一步加强。总体看，安徽省生态健康整体状况处于比较平稳的水平。

表 2-2　安徽省生态健康指标层变量增长率基本情况

年份	2009	2010	2011	2012	2013	2014
新能源生产结构（水能核电风能）	−15.38%	36.36%	−36.67%	21.05%	0.00	21.74%
人均森林面积（公顷）	8.53%	2.93%	−0.19%	−0.33%	−0.22%	16.67%
生物多样性	−4.96%	−0.52%	−1.35%	0.42%	−4.44%	−0.75%
湿地占国土面积比重	0.00	0.00	0.00	0.00	57.72%	0.00
沙化土地占国土面积比重	0.00	0.00	0.00	0.00	55.56%	0.00

三、安徽省环境友好基本情况

从图 2-3 安徽省环境友好指标层变量的变化情况看，安徽省环境友好状况基本正常，但在某些指标上形势仍不容乐观。

其中，单位 GDP 二氧化硫排放量与单位 GDP 工业固体废弃物产生量逐年减少，单位 GDP 的 COD 排放量和单位 GDP 氨氮化物排放量均呈下降趋势，反映出安徽省减排情况良好。人均工业废水排放量在 2014 年有小幅度下降趋势，水污染排放量仍较大。城市污水处理率2012 年以来有小幅下降，而人均生活污水排放量持续增长，在 2011年还有大幅增长。城市污水处理率与人均生活污水排放量不同步，对安徽省水环境造成很大压力。总体看，安徽省水污染治理形势不容乐

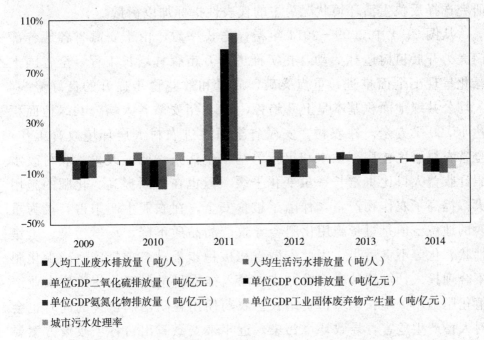

图 2-3① 安徽省环境友好指标层变量增长率基本情况

观，在 2014 年安徽省 9 起突发环境事件中，水污染占半数以上。继续削减水污染排放量、治理水污染已成为当务之急。一方面要加快产业结构调整转型升级，转变经济增长高污染模式，限制污染企业发展，鼓励节能减排、环保产业发展；另一方面，不能走先污染再治理的传统工业化道路，项目建设时必须严格按照"三同时"规定，把环境保护措施落到实处，防止建设项目建成投产使用后产生新的环境问题，在项目建设过程中也要防止环境污染和生态破坏。

四、安徽省社会和谐基本情况

理论上，社会和谐包括经济、社会、环境和民生等多个方面，考虑到数据的重复性及可获取性，在安徽省社会和谐基本情况方面，本

---

① 图 2-3 中柱状线从左到右依次代表一下变量 2009—2014 年增长率：人均工业废水排放量、人均生活污水排放量、单位 GDP 二氧化硫排放量、单位 GDP 的 COD 排放量、单位 GDP 氨氮化物排放量、单位 GDP 工业固体废弃物产生量、城市污水处理率。

研究选择反映生活环境状况为主的代表性指标加以衡量。

从图 2-4 中 2009—2014 年指标增长率看，由于安徽省各地各部门大力开展植树造林活动，扎实推进千万亩森林增长工程，全省国土绿化呈现出全面推进、重点突破、质量和效益稳步提升的良好势头，人均公共绿地面积基本呈上升趋势，2014 年安徽省人均公共绿地面积达 13.20 平方米。在农村，安徽省全面推进农村人居环境改善工作，全省农村居民住房、饮水和出行等基本生活条件明显改善，农村改水累计收益人口比重增长率虽变化平缓，但也在不断提高。化肥的施用大幅提高了农作物产量，保障了粮食安全，在农业生产中占有极为重要的地位。但是过量施用化肥会导致产品品质下降、环境污染、土壤性状恶化等不良后果，因此安徽省积极稳步推动各项措施，减少化肥不合理投入，加快转变施肥方式，深入推进科学施肥，使单位农业产值化肥施用量增长率保持负增长。农药使用在防治病虫害的同时也会对人畜产生危害，导致环境污染。近年来安徽省出台各项政策方案要求控制农药使用量，保障粮食安全、农业生产安全、农产品质量安全以及生态环境安全，这无疑推动了安徽省单位农业产值农药使用量增长率的负增长，农药使用量逐年减少。总体看，安徽省社会和谐发展态势良好。

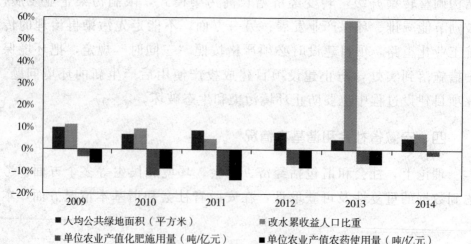

图 2-4 安徽省社会和谐指标层变量增长率基本情况

五、安徽省管理科学基本情况

管理科学基本情况可从制度保障和文明观念两方面来看，在经济管理、政策条例、法律法规等生态文明制度方面，对生态文明行为予以保障，树立生态文明观念，宣传环境保护知识，营造生态文明试点氛围。

安徽省管理科学基本情况从量化的指标来看（图2-5），可将这些归为科学管理投资基本情况。生态文明文件规划完备情况与生态文明试点建设情况可归为生态文明制度建设管理情况。

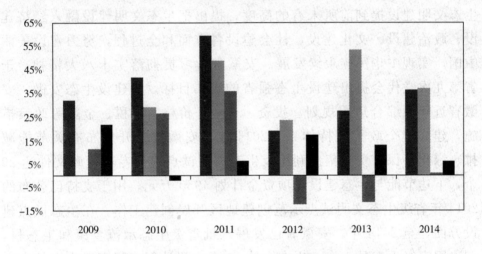

图2-5 安徽省管理科学指标层变量增长率基本情况

首先，从图2-5安徽省科学管理投资情况看，近年来安徽省强化政府责任，出台相关政策推动城市环境基础设施建设，加大环境污染治理力度，以促进生态环境保护和建设。城市环境基础设施建设投资额不断增加，尤其2011年增长最快，增长率达59.37%，近两年增速虽有所下降，但总投资额持续增加。环境污染治理投资额在2009年增速缓慢，之后迅速增长，2013年增长率达53.24%。人均教育经费在2011年快速增长，2012年、2013年出现负增长，2014年稍有回升。

在教育投资多元化趋势下，安徽省财政性教育经费支出所占比重减少是一个重要的原因。R&D 经费占 GDP 比例仅在 2010 年出现负增长，2011 年以来稳步增长，2012 年增长最快。安徽省把建设创新安徽、加快转型发展，作为核心发展战略，积极支持自主创新能力建设，先后出台《关于实施创新驱动发展战略进一步加快创新型省份建设的意见》及配套政策，有助于安徽省生态文明建设中有关绿色技术的研发以及环境保护管理方式的创新，推动安徽省生态文明建设。

其次，从安徽省生态文明制度建设情况分析，本研究以生态文明文件规划完备情况、生态文明试点建设情况作为参考。党的十八大将生态文明建设提到前所未有的高度，提出把生态文明建设融入经济建设、政治建设、文化建设、社会建设各方面和全过程，努力建设美丽中国，实现中华民族永续发展。安徽省学习贯彻落实十八大精神，于省第九次党代会提出建设生态强省的宏伟目标。为建设生态安徽，安徽省近年来综合运用规划、投资、产业、价格、财税、金融等政策措施，建立健全政策支持体系。2014 年，安徽省公开发布有关节能减排、绿化环保、资源集约利用及生态文明试点建设专项行政文件达 29 个，下达节能与生态建设专项资金计划 4950 万元，用于支持已公布的 2014 年省级生态文明试点示范创建地区开展创建工作。在生态试点建设方面，至 2014 年，安徽省已发展八批省级生态示范乡镇和生态村，创建国家级生态县 1 个，生态乡镇 59 个，累计创建国家级生态县 4 个（霍山、绩溪、宁国、岳西），生态乡镇 159 个，生态村 21 个。2014 年，创建省级生态市 1 个（宣城市），生态县 7 个，生态乡镇 72 个，生态村 135 个，累计创建省级生态市 1 个，生态县 23 个，生态乡镇 404 个，生态村 883 个。

第三节　驱动力—状态—响应分析

本部分主要分析安徽省生态文明建设发展趋势，以全国生态文明建设为参考，找出安徽省生态文明建设发展的优势与不足。通过主成分分析法，针对安徽省与全国2009—2014年生态文明建设发展态势，分别从总体水平测度、驱动力—状态—响应（DSR）两个角度进行水平测度。

一、总体水平测度

将全国与安徽省 2009—2014 年的 29 个指标进行主成分分析，得到 3 个主成分，见表 2-3 所列，在综合得分方面，全国从 2009 年的 −0.328 增加到 2014 年的 1.094，安徽省从 2009 年的 −1.261 增加到 2014 年的 0.195。从得分可以看出，安徽省的总体得分水平相较于全国尚有一定差距，但是，安徽省的总体得分水平同全国一样是在不断上升，安徽省生态文明的总体状况不断取得进步。

表 2-3 总体水平测度结果

年份	全国主成分				安徽主成分			
	F1	F2	F3	综合	F1	F2	F3	综合
2009	0.244	−1.573	−0.596	−0.328	−1.486	−1.004	−0.365	−1.261
2010	0.539	−1.210	−0.700	−0.047	−1.215	−0.527	−0.880	−0.997
2011	0.681	−0.535	1.389	0.402	−1.006	0.377	1.865	−0.387
2012	0.931	−0.103	0.741	0.629	−0.758	0.716	0.895	−0.214
2013	1.194	0.368	0.003	0.868	−0.477	1.415	−0.450	0.049
2014	1.536	0.523	−0.432	1.094	−0.183	1.553	−1.440	0.195

由表 2-3 每个指标的载荷矩阵（即成分矩阵）可知，载荷矩阵中指标的绝对值越大，说明该指标影响越显著，具体数值见表 2-4 所列。

表 2-4 总体载荷矩阵

指　标	F1	F2	F3
人均用水量	−0.748	0.270	0.321
人均建设用地面积	0.943	0.125	0.037
人均生活能源消费量	0.974	0.184	−0.036
人口自然增长率	−0.803	0.548	−0.178
人均 GDP	0.902	0.415	0.069

（续表）

指　标	F1	F2	F3
城镇居民人均可支配收入	0.768	0.631	0.002
第三产业占 GDP 比重	0.912	−0.367	0.050
新能源生产结构	0.925	−0.220	−0.040
人均森林面积	0.901	−0.422	0.029
生物多样性	0.894	−0.438	0.073
湿地占国土面积比重	−0.092	0.830	−0.455
沙化土地占国土面积比重	0.897	−0.429	0.061
人均工业废水排放量	0.782	−0.587	0.056
人均生活污水排放量	0.912	0.348	0.174
单位 GDP 二氧化硫排放量	−0.006	−0.979	−0.053
单位 GDP COD 排放量	−0.264	0.394	0.832
单位 GDP 氮氧化物平排放量	−0.372	0.495	0.750
单位 GDP 工业固体废物产生量	−0.827	−0.283	0.348
城市污水处理率	−0.367	0.863	0.065
人均公共绿地面积	0.522	0.838	0.019
改水累计收益人口比重	0.627	0.495	−0.348
单位农业产值化肥施用量	−0.934	−0.204	−0.223
单位农业产值农药施用量	−0.958	−0.116	−0.189
城市环境基础设施建设投资额	0.944	−0.238	0.120
环境污染治理投资额	0.951	−0.224	0.094
人均教育经费	0.847	−0.028	0.423
RD 经费占 GDP 比重	0.894	0.360	−0.098
生态文明规划完备情况	0.522	0.837	−0.038
生态试点	0.590	0.710	−0.163

　　第一主成分在人均建设用地面积、人均生活能源消费量、第三产业占 GDP 的比重、新能源生产结构、人均森林面积、人均生活污水排放量、单位农业产值化肥施用量、单位农业产值农药施用量、城市环

境基础设施建设投资额、环境污染投资治理额等方面影响显著，因此将该主成分命名为资源环境因子。第二主成分在人口自然增长率、城镇居民可支配收入、人均公共绿地面积、生态文明规划完备情况和生态试点等方面影响显著，因此，将该主成分命名为人口与管理因子。第三主成分在单位 GDP 中 COD 排放量、单位 GDP 氮氧化物排放量、单位 GDP 工业固体废物产生量等方面影响显著，因此，将该主成分命名为污染因子。

首先，在第一主成分中，2009—2014 年的得分上安徽省与全国存在差距，并且差距一直保持在 1.6 左右。但是，在考察期间，安徽省与全国一样在得分上保持着稳健的增长。由此可以看出，虽然安徽省与全国平均水准存在着一定的差距，但是，安徽省的资源环境状况正在不断好转。

其次，在第二主成分中，安徽省在 2009 年和 2010 年得分为负，但是，在 2011 至 2014 年得分转为正值，并且得分始终高于全国平均水平。同时，2012—2013 年增长量最多，增长了 0.69 分，在 2014 年则仅仅增加了 0.117 分。因此，该主成分说明安徽省在响应国家对于生态文明建设的管理方面有着出色的表现。

最后，在第三主成分中，相较于全国水平的稳健增长，安徽省则出现了一定波动。2009 年和 2010 年，安徽省的得分为负。同时，2009 和 2011 年的得分高于全国的平均水准。2011 年则出现了一个较大的增加，并且增加了 2.6 分。但是，从 2012 年开始，得分逐年下滑，并且在 2013 年开始，安徽省的得分开始低于全国。安徽省的污染状况，在考察期内起伏不定，虽然在有些年份的表现优于全国的水准，但是，在更多的年份却是低于全国水平，这表明，在环境的治理上安徽省缺乏持久性，并且污染状况有恶化的趋势。

二、驱动力—状态—响应三方面的指标水平测度

（一）驱动力水平测度

安徽省生态文明发展的驱动力不断加强，安徽省 2009—2013 年驱动力综合得分虽为上升趋势，但均为负值。2014 年，驱动力的综合得

分虽然转变为正值，但是，依旧处于平均水平以下，如图 2-6 所示。以全国生态文明发展驱动力得分作为参考，其得分只有 2009 年得分为负，考察期其余的年份均为正值。安徽省与全国的差距明显。所谓驱动力就是人口、经济的发展对于环境承载能力的压力，在目前的阶段，全国的驱动力水平明显高于安徽省，同时，安徽省对于生态文明的建设的要求有所提高。

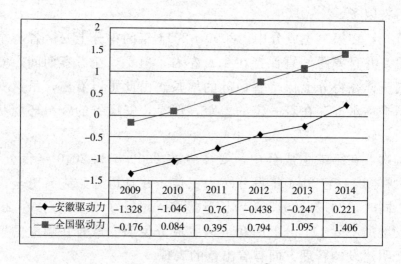

	2009	2010	2011	2012	2013	2014
安徽驱动力	-1.328	-1.046	-0.76	-0.438	-0.247	0.221
全国驱动力	-0.176	0.084	0.395	0.794	1.095	1.406

图 2-6　驱动力综合得分①

2009—2014 年，安徽省的人均 GDP 在总量上低于全国人均 GDP，其中，在 2013 年安徽省人均 GDP 的增速达到 11.14%，而同期全国的水平为 9.55%。虽然 2014 年安徽省人均 GDP 的增速有所放缓，但是，与全国的水平相差不大。在人口的增长方面，人口的自然增长率逐年上升。在经济与人口的压力下，生态环境的压力也随之而来。2009—2012 年，安徽省人均用水量、人均建设用地面积、人均生活能源消费量均呈现上升的趋势。

伴随着人口与经济发展的压力，安徽省对于生态环境的驱动力也

---

① 由于主成分分析法的计量原理，得出的综合得分值存在负数。不过，该负值并不代表明确的经济学含义，综合得分变化的经济学意义主要体现在时间序列上的增长或下降，以及同一年份不同样本间综合得分的差距上。

在呈现不断加强的趋势。特别是 2014 年，安徽省驱动力得分为
0.221，说明安徽省在经济取得发展的同时，对于生态环境的压力逐渐
显现。虽然，安徽省在驱动力综合得分上低于全国的平均水平，但是，
也显示出安徽省对于生态文明的建设上日益迫切的现实，从而保证社
会、经济与环境的可持续发展。

（二）状态水平测度

安徽省生态文明发展状态较弱，图 2-7 表明当前的资源环境状况
面临着严峻的形势。

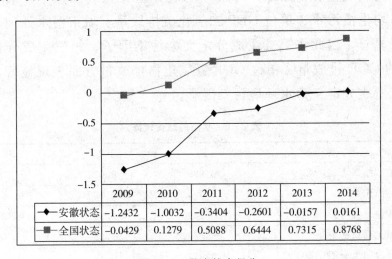

	2009	2010	2011	2012	2013	2014
安徽状态	-1.2432	-1.0032	-0.3404	-0.2601	-0.0157	0.0161
全国状态	-0.0429	0.1279	0.5088	0.6444	0.7315	0.8768

图 2-7　状态综合得分

从生态健康、环境友好、社会和谐因素层来看，安徽省生态文明
发展状态得分在 2009—2014 年这 6 年中呈逐年上升趋势，但是只有在
2014 年达到正值，并且得分接近于 0，处于全国平均分水平以下，全
国生态文明状态得分呈逐年上升的态势，安徽省与全国差距明显。

2009—2014 年，在环境友好方面，安徽省污染状况有所减轻。
2009—2014 年，人均工业废水排放量基本保持平稳，2009 年为 10.81
吨/人，2014 年为 10.03 吨/人。人均生活污水排放量呈上升趋势，
2009 年为 15.64 吨/人，2014 年为 29.02 吨/人，是人均工业废水排放
量的近 3 倍。单位 GDP 二氧化硫排放量在逐年下降，2014 年比 2009
年每亿元 GDP 二氧化硫少排放了 39.16 吨。单位 GDP 的 COD 排放量
有所波动，但是 2011—2014 年呈下降趋势。单位固体废弃物产生量呈

下降趋势，但是依旧落后于全国的平均水平。城市污水处理率逐年提高，2011—2014 年达 90％以上，污水处理能力显著增强。在社会和谐方面，人均公共绿地面积与改水累计受益人口比重都呈上升趋势，单位农业产值化肥施用量与单位农业产值农药施用量呈下降趋势，人民生活有所改善。

在安徽省与全国的状态载荷矩阵（表 2-5）中，第一主成分在新能源生产结构、人均森林面积、生物多样性、沙化土地占国土面积比重等方面表现显著，因此，将第一主成分定义为资源因子。第二主成分在人均生活污水、单位 GDP 二氧化硫排放量、城市污水处理率等方面表现显著，因此将第二主成分定义为污染因子。第三主成分在单位 GDP 的 COD 排放量、单位 GDP 氮氧化物排放量方面表现显著，因此将第三主成分定义为水环境污染因子。

表 2-5　状态的载荷矩阵

指　标	F1	F2	F3
新能源生产结构	0.939	−0.025	−0.015
人均森林面积	0.974	−0.183	0.091
生物多样性	0.969	−0.203	0.131
湿地占国土面积比重	−0.265	0.768	−0.500
沙化土地占国土面积比重	0.971	−0.191	0.123
人均工业废水排放量	0.905	−0.353	0.127
人均生活污水排放量	0.794	0.568	0.193
单位 GDP 二氧化硫排放量	0.242	−0.933	0.026
单位 GDPCOD 排放量	−0.386	0.375	0.821
单位 GDP 氮氧化物排放量	−0.512	0.438	0.723
单位 GDP 工业固体废物排放量	−0.770	−0.471	0.331
城市污水处理率	−0.564	0.764	−0.005
人均公共绿地面积	0.297	0.934	−0.018
改水累计收益人口比重	0.523	0.662	−0.322
单位农业产值化肥施用量	−0.851	−0.433	−0.227
单位农业产值农药施用量	−0.899	−0.363	−0.214

首先，在第一主成分中，安徽省在 2009—2014 年中差距明显，并

且，安徽省得分始终为负。虽然，随着时间的推移，情况在不断好转，但是，资源状况不容乐观。

其次，在第二主成分中，安徽省在 2009 年和 2010 年落后于全国水平，但是在 2011—2014 年超过了全国得分，并且每年的得分都在不断增加，说明在污染治理方面，安徽省的成效高于全国水平。

最后，在第三主成分上，安徽省的得分和全国类似，得分起伏较大，安徽省在 2011 年和 2012 年的情况好于全国，并且得分为正，其余的年份得分为负，且落后于全国水平。说明安徽省的水污染治理政策不具有持续性。

总体来说，2009—2014 年，安徽省生态环境状况明显改善，但是，2014 年安徽省生态文明发展状况得分依旧接近于 0 值，低于全国平均水平，说明安徽省生态文明状况亟待改善。

（三）响应水平测度

将全国与安徽省 2009—2014 年的响应指标进行主成分分析，综合得分如图 2-8 所示。

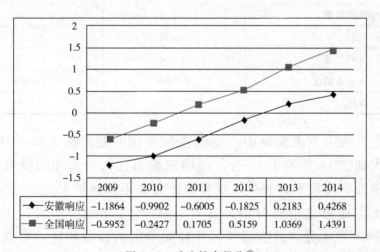

	2009	2010	2011	2012	2013	2014
安徽响应	-1.1864	-0.9902	-0.6005	-0.1825	0.2183	0.4268
全国响应	-0.5952	-0.2427	0.1705	0.5159	1.0369	1.4391

图 2-8 响应综合得分①

---

① 由于主成分分析法的计量原理，得出的综合得分值存在负数。不过，该负值并不代表明确的经济学含义，综合得分变化的经济学意义主要体现在时间序列上的增长或下降，以及同一年份不同样本间综合得分的差距上。

2009—2012 年，安徽省响应指标得分为负数，2013—2014 年，安徽省的得分转变为正值。从全国层面来看，全国得分仅在 2009 年和 2010 年得分为负数。2009 年，安徽省与全国相差 0.6 分；2010 年相差 0.75 分；2011 年相差 0.77 分；2012 年相差 0.70 分；2013 年相差 0.8186 分；2014 年相差 1.0063 分。2009—2014 年，安徽省与全国的差距有拉大的趋势，虽然仍有差距，但是安徽省生态文明制度、行政法规条例等社会响应方面同全国的生态文明建设社会响应均在不断改进。

安徽省与全国响应载荷矩阵见表 2-6 所列，第一主成分在人均教育经费、R&D 经费占 GDP 比重、环境污染治理投资额、城市环境基础设施建设投资额影响较为显著，因此，将第一主成分定义为投资因子。第二主成分在生态文明规划完备情况和生态试点方面影响较为显著，因此，将第二主成分定义为政策因子。

表 2-6　响应的载荷矩阵

指标	F1	F2
城市环境基础设施建设投资额	0.873	−0.470
环境污染治理投资额	0.883	−0.442
人均教育经费	0.844	−0.357
RD 经费占 GDP 比重	0.928	0.169
生态文明规划完备情况	0.716	0.683
生态试点建设情况	0.763	0.596

首先，在第一主成分中，安徽省与全国的差距从 2009 年的 1.06 分，拉大到 2014 年的 1.79 分，说明安徽省在污染治理的投资方面落后于全国的平均水平，并且，这种差距正在不断地扩大。

其次，在第二主成分中，安徽省从 2009 年的 −0.277 分增加到 2014 年的 1.794 分，进步明显，并且同全国的得分相比，安徽省要优于全国的水平。这说明，安徽省对生态文明建设的政策实施方面有足够的重视。

（四）安徽省驱动力—状态—响应水平测度

单从安徽省自身的驱动力—状态—响应综合得分来看（图 2-9），安徽省驱动力、状态、响应综合得分逐年上升，增幅不尽相同。

　　安徽省状态得分在2010—2011年增加明显，但在考察期其余年份增速明显低于响应和驱动力的综合得分，说明安徽省生态文明状态不容乐观，污染治理以及资源短缺问题形势严峻。安徽省响应得分增速稳定，并且得分于2013年转变为正值。这表明安徽省相关部门对生态文明建设关注度加大，社会响应得到很好的改善。在驱动力方面，2009—2013年之间，驱动力一直处于得分的最低值，但是，由于状态指标得分的增速缓慢，因此，在2014年安徽省的驱动力得分超过状态得分，转变为正值。意味着，由于经济和人口的增长，安徽省对于生态文明建设的压力在不断增加，安徽省经济社会发展过程中协调经济建设与生态文明建设已经具有现实紧迫性和必然性。

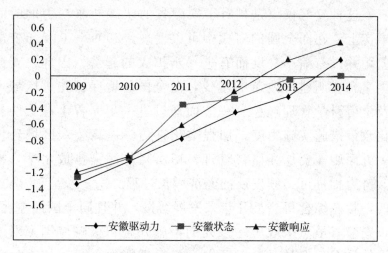

图2-9　安徽省驱动力、状态、响应综合得分

　　综上所述，安徽省生态文明建设水平低于全国生态文明建设水平，同时，安徽省生态文明建设呈现出"驱动力持续增强、状态进展缓慢、响应发展良好"的态势。因此，缩小安徽省生态文明建设水平与全国生态文明建设水平的差距势在必行。

第四节　研究结论与政策建议

　　从安徽省驱动力—状态—响应相互串联的角度来看，安徽省生态文明建设呈现"驱动力持续增强、状态进展缓慢、响应发展良好"的态势，表明安徽省所面临的生态环境的压力正在变得更加强烈，而生态环境状况的改善却并不尽如人意，虽然安徽省对生态文明建设的响应较好，但是由于技术水平以及管理水平的制约，与全国水平仍有一定差距。因此，安徽省在经济社会发展的过程中兼顾经济建设与生态文明的问题已经变得越来越重要。

第一，伴随着经济的发展和人口的增加，安徽省生态文明所面临的压力日益增加，因此，安徽省的驱动力正在不断的增强。

第二，响应发展良好，其原因在于安徽省相关部门对生态文明建设采取了针对性的规划与措施。

第三，这种良好仅仅是相对于安徽省的状态与驱动力的时间序列而言。事实上，在同全国的对比中可以发现，2009—2014年安徽省与全国的差距并没有缩小，反而有进一步扩大的趋势。因此，安徽需要紧跟全国生态文明建设改革的步伐，向全国环境保护先进区域引进环保技术及学习科学管理经验。一方面通过进一步完善生态文明行政文件、强化政策措施实施力度，加强文化宣传，提高公众区域环境满意度；另一方面则需要加强监督管理，切实降低污染排放水平，推进清洁生产，努力推进可持续发展的经济增长过程。

第四，状态综合得分近几年来发展缓慢，并且同全国的差距明显，这说明，安徽省虽然采取了一系列的措施并且积极响应国家对于生态文明建设的号召，但是，对于环境污染治理能力不足、技术处理水平仍处于弱势以及管理体系的执行能力的不足导致目前的资源、环境污染治理形势还很严峻。

第五，对比《安徽生态文明发展报告（2015）》中的结果，我们发现，与去年的结果"弱—弱—强"相比，安徽省驱动力—状态—响应体系目前呈现出"中—弱—强"状态，表明安徽省走生态文明发展之路的驱动力正在不断增强，经济发展水平的提升迫切要求更好的生态环境与可持续发展水平。不过，与去年结果相似的是，生态环境改善的效果仍不明显，由于发展方式、技术水平以及管理水平的制约，状态指标与全国的差距仍有进一步拉大的趋势。因此，安徽省在经济社会发展中兼顾经济建设与生态文明建设的问题迫切需要提上日程。

我们建议：必须高度重视和加强生态文明建设，确保在发展过程中，坚守生态与环保底线，既要保持经济社会快速发展，又要保住"青山绿水、蓝天白云"，实现美丽与发展共赢，走出一条可持续健康的绿色发展之路。

具体可以围绕以下几个方面：

（1）要大力增强生态文明意识。推进生态文明进规划、进工厂、进社区、进农村、进课堂、进媒体，实现从生态治理到生态预防、从生态局部治理到生态整体治理、从生态政府管制到生态多元治理的转变。

（2）强化生态责任考核。建立分类管理的政绩考核机制并强化生态文明建设责任追究制，把生态文明建设作为干部政绩考核关键指标。同时，按照不同区域生态功能的不同定位建立分类管理的政绩考核机制。此外，对违背科学发展要求、造成资源环境生态严重破坏的要实行终身追责，真正把"GDP"政绩考核和生态文明政绩考核结合起来。

（3）加强生态廊道建设。围绕长江、淮河、巢湖等重点区域，打造生态廊道系统，统筹推进流域水环境综合治理，加大流域水污染防治力度，共同加强重点区域饮用水水源地水质保护。创建沿廊道景区景点，加强林业工程建设，加强水土保持和控制水土流失。加强沿生态廊道区域内的湿地生态保护，稳步扩大区域湿地重点保护面积。以建设生态廊道为中心，增强流域生态系统服务功能，优化农村产业结构，积极发展湿地生态旅游产业和乡村休闲度假旅游产业。

（4）加强城乡生态体系建设。深入推进城乡污染防控和环境整治。构建城乡生态环境网络。推进农田林网及河流、铁路、骨干道路林网建设，提升中心城区生态功能，优化农村生态环境，大力实施村庄绿化，打造生态园林乡村。推行绿色生产生活方式。积极支持清洁能源生产，大力发展循环经济，开展城镇生活垃圾分类和建筑垃圾资源化利用工作，推进海绵城市试点示范工程，倡导低碳绿色消费，推广绿色节能建筑，倡导绿色出行。健全生态文明建设制度。健全重大环境事件和污染事故责任追究制度，推进自然资源资产产权制度和用途管制制度，落实生态环境损害赔偿制度，探索碳排放权、排污权、水权有偿交易制度。

（5）构建节约环保的产业结构。一要大力发展生态农业，二要大力发展节能环保产业，三是加快新型工业化进程。同时要采用先进适用节能低碳环保技术改造提升传统产业，推动战略性新兴产业和先进制造业健康发展。

（6）加强工农业污染防治。大力扶持质量效益型、节能环保型和资源集约型产业发展，强化源头上控制污染。建立健全环境保护的法规制度，认真落实"谁污染，谁治理""谁开发，谁保护"的原则。严格执行工业企业污染物达标排放和污染物排放总量控制制度，建立工业生产和建设的环境评价机制。引导企业聚集发展，推进污染集中治理，完善提升园区环保基础设施建设。加强对污染排放重点工业企业的监测与控制，扶持企业提高工业废水、废气、废渣的处理和综合利用能力。积极支持环保产业发展，大力推广和使用无污染和少污染的新技术、新工艺、新设备。着力推进农业污染防治，发展高效、优质、生态农业。引导农户科学使用化肥、农药和农膜，大力推广新型有机肥料、生物农药和可降解农膜。促进农业循环经济的发展，建立健全秸秆禁烧和综合利用机制。加强规模化畜禽养殖场污染综合治理，推进农村生活垃圾和污水处理。大力发展新能源和新节能技术，加强农村能源综合利用。

（7）加强美好乡村建设。建设美好乡村，必须坚持因地制宜，注重生态优先，突出乡村特色。坚持规划引领，科学确定中心村数量和人口规模，优化完善村庄空间布局规划，深化细化村庄建设规划，切实维护规划权威性，提高规划执行力。大力推进基础设施建设和公共服务配套，优先开展危房改造、垃圾污水处理、电网改造、安全饮水、卫生改厕、村内道路硬化亮化、河塘沟渠清淤和信息网络等与农民生产生活密切相关的生态化工程。

第三章 安徽省大气污染治理政策文本的量化分析

为促进大气污染治理工作的顺利进行，政府必须高度重视政策的积极作用。那么，安徽省近年来出台了哪些大气污染治理政策？政策的规范性与约束性如何？政策制定者由哪些主体构成？政策主题有哪些？运用了哪些政策工具？政策问题有哪些？对此，本研究主要以2013年以来的安徽省大气污染治理相关政策文本为分析对象，并适当兼顾国家层面以及长三角区域大气污染防治协作小组的重要相关文件，构建分析框架，将文本信息转化为数据，进行量化分析，对安徽省大气污染治理政策进行整体把握和探讨，以推动安徽省生态文明建设和大气污染治理工作的建设和发展，为制定防治大气污染的相关政策提供系统的信息参考。

第一节 安徽省大气污染治理政策文本样本选择和分析框架

一、样本选择

根据国际标准化组织的界定，大气污染也称空气污染，被定义为："由于人类活动或自然过程引起某些物质进入大气中，呈现出足够的浓度，达到足够的时间，并因此危害了人体的舒适、健康和福利或环境的现象。"[①] 大气污染治理政策是指政府为改善和防止造成大气进一步污染所采取的一系列管理、控制、调节措施的总和。近年来，为防治

———————

① 王军玲. 大气污染治理实施技术指南 [M]. 北京：中国环境出版社，2013：5.

大气污染，国务院以及中央各部委先后颁布了相关的政策文件，安徽省根据其实际情况也先后出台了一系列相关政策文件。

本研究选取的分析样本来源于安徽省环保厅编写的《2014年安徽省大气污染防治工作文件汇编》及《2015年安徽省大气污染防治工作文件汇编》，见表3-1、表3-2、表3-3所列，共包括国家、长三角区域大气污染防治协作小组以及安徽省相关文件共85份。

表3-1 国家大气污染防治工作文件

序号	政策法规名称	审议、发文日期	审议、发文单位
1	《大气污染防治行动计划》	2013年9月11日	国务院（国发〔2013〕37号）
2	《大气污染防治行动计划重点工作部门分工方案》	2013年12月9日	国务院办公厅（国办函〔2013〕118号）
3	《大气污染防治行动计划实施情况考核办法（试行）》	2014年4月30日	国务院办公厅（国办发〔2014〕21号）
4	《大气污染防治行动计划实施情况考核办法（试行）实施细则》	2014年7月18日	环境保护部、国家发展改革委员会、工业和信息化部、财政部、住房和城乡建设部、国家能源局（环发〔2014〕107号）
5	《2014年黄标车及老旧车淘汰工作实施方案》	2014年9月15日	环境保护部、国家发展改革委员会、公安部、财政部、交通运输部、商务部（环发〔2014〕130号）
6	《石化行业挥发性有机物综合整治方案》	2014年12月5日	环境保护部（环发〔2014〕177号）
7	《关于加强储油库、加油站和油罐车油气污染治理工作的通知》	2012年11月19日	环境保护部办公厅（环办〔2012〕140号）
8	《关于保障性住房实施绿色建筑行动的通知》	2013年12月16日	住房和城乡建设部（建办〔2013〕185号）
9	《大气污染防治重点工业行业清洁生产技术推行方案》	2014年7月2日	工业和信息化部（工信部节〔2014〕273号）
10	《2015年全国大气污染防治工作要点》	2015年5月7日	环境保护部（环发〔2015〕55号）

（续表）

序号	政策法规名称	审议、发文日期	审议、发文单位
11	《关于做好今冬明春大气污染防治工作的通知》	2015 年 10 月 23 日	环境保护部（环办〔2015〕97 号）
12	《全面实施燃煤电厂超低排放和节能改造工作方案》	2015 年 12 月 11 日	环境保护部、国家发展和改革委员会、国家能源局（环发〔2015〕164 号）
13	《关于加强商品煤质量管理有关问题的通知》	2015 年 11 月 30 日	国家发展和改革委员会、国家能源局、环境保护部、商务部、海关总署、国家工商行政管理总局、国家质量监督检验检疫总局（发改能源〔2015〕2782 号）

表 3-2　长三角区域大气污染防治协作小组文件

序号	政策法规名称	审议、发文日期	审议、发文单位
1	《长三角区域大气污染防治协作小组办公室运行机制》	2014 年 4 月 30 日	长三角区域大气污染防治协作小组办公室（长三角气协办〔2014〕6 号）
2	《长三角区域大气污染防治协作 2014 年工作重点》	2014 年 5 月 22 日	长三角区域大气污染防治协作小组办公室（长三角气协办〔2014〕7 号）
3	《长三角区域落实大气污染防治行动计划实施细则》	2014 年 5 月 22 日	长三角区域大气污染防治协作小组办公室（长三角气协办〔2014〕8 号）
4	《长三角区域空气重污染应急联动工作方案》	2014 年 9 月 3 日	长三角区域大气污染防治协作小组办公室（长三角气协办〔2014〕9 号）
5	《长三角区域大气污染防治协作 2015 年工作重点》	2015 年 4 月 16 日	长三角区域大气污染防治协作小组办公室（长三角气协办〔2015〕1 号）
6	《长三角区域协同推进高污染车辆环保治理的行动计划》	2015 年 8 月 20 日	长三角区域大气污染防治协作小组办公室（长三角气协办〔2015〕2 号）
7	《长三角区域协同推进港口和船舶大气污染防治的工作方案》	2015 年 8 月 20 日	长三角区域大气污染防治协作小组办公室（长三角气协办〔2015〕3 号）

表 3-3　安徽省大气污染防治工作文件

序号	政策法规名称	审议、发文日期	审议、发文单位
1	《关于化解产能严重过剩矛盾的实施意见》	2013 年 12 月 4 日	安徽省人民政府（皖政〔2013〕84 号）
2	《安徽省大气污染防治行动计划实施方案》	2013 年 12 月 30 日	安徽省人民政府（皖政〔2013〕89 号）
3	《安徽省机动车排气污染防治办法》	2014 年 10 月 31 日	安徽省人民政府（安徽省人民政府令第 254 号）
4	《安徽省 2014—2015 年节能减排低碳发展行动方案的通知》	2014 年 9 月 18 日	安徽省人民政府办公厅（皖政办〔2014〕30 号）
5	《关于加快推进建筑产业现代化的指导意见》	2014 年 12 月 5 日	安徽省人民政府办公厅（皖政办〔2014〕36 号）
6	《关于大力倡导低碳绿色出行的指导意见》	2014 年 12 月 25 日	安徽省人民政府办公厅（皖政办〔2014〕41 号）
7	《省大气污染防治联席会议和省重污染天气应急领导小组成员名单》	2013 年 12 月 30 日	安徽省人民政府办公厅（皖政办秘〔2013〕199 号）
8	《安徽省重污染天气应急预案》	2013 年 12 月 30 日	安徽省人民政府办公厅（皖政办秘〔2013〕200 号）
9	《大气污染防治重点工作部门分工方案》	2013 年 12 月 30 日	安徽省人民政府办公厅（皖政办秘〔2013〕201 号）
10	《2014 年全省秸秆禁烧工作方案》	2014 年 5 月 5 日	安徽省人民政府办公厅（皖政办秘〔2014〕75 号）
11	《关于转发省农委财政厅农作物秸秆还田实施意见的通知》	2014 年 9 月 9 日	安徽省人民政府办公厅（皖政办秘〔2014〕174 号）
12	《安徽省加快黄标车及老旧车淘汰工作方案》	2014 年 10 月 25 日	安徽省人民政府办公厅（皖政办秘〔2014〕210 号）
13	《安徽省大气污染防治行动计划实施情况考核办法（试行）》	2014 年 11 月 8 日	安徽省人民政府办公厅（皖政办秘〔2014〕224 号）

（续表）

序号	政策法规名称	审议、发文日期	审议、发文单位
14	《关于组织编制安徽省大气污染防治项目台账的通知》	2014 年 1 月 16 日	安徽省大气污染防治联席会议办公室（皖大气办〔2014〕1 号）
15	《安徽省大气污染防治2014 年工作计划》	2014 年 3 月 3 日	安徽省大气污染防治联席会议办公室（皖大气办〔2014〕5 号）
16	《安徽省大气污染防治联席会议工作规则》	2014 年 3 月 3 日	安徽省大气污染防治联席会议办公室（皖大气办〔2014〕6 号）
17	《省直部门大气污染防治2014 年重点工作任务》	2014 年 3 月 3 日	安徽省大气污染防治联席会议办公室（皖大气办〔2014〕7 号）
18	《大气污染防治年度实施计划编制指南（试行）》	2014 年 4 月 14 日	安徽省大气污染防治联席会议办公室（皖大气办〔2014〕9 号）
19	《安徽省农作物秸秆禁烧奖补办法》	2014 年 5 月 26 日	安徽省财政厅、安徽省环境保护厅、安徽省农业委员会（财建〔2014〕584 号）
20	《关于对农作物秸秆发电实施财政奖补的意见》	2014 年 7 月 16 日	安徽省财政厅、安徽省发展和改革委员会（财建〔2014〕958 号）
21	《安徽省黄标车淘汰省级奖补资金管理办法》	2014 年 11 月 11 日	安徽省财政厅、安徽省环境保护厅、安徽省公安厅（财建〔2014〕1677 号）
22	《安徽省大气污染防治专项资金管理暂行办法》	2014 年 12 月 29 日	安徽省财政厅、安徽省环境保护厅（财建〔2014〕2307 号）
23	《安徽省重污染天气监测预警实施细则》	2014 年 5 月 21 日	安徽省环境保护厅、安徽省气象局（皖环办〔2014〕4 号）
24	《安徽省大气污染防治行动计划实施方案实施情况考核办法（试行）实施细则》	2014 年 12 月 18 日	安徽省环境保护厅、安徽省发展和改革委员会、安徽省经济和信息化委员会、安徽省公安厅、安徽省财政厅、安徽省住房和城乡建设厅、安徽省农业委员会、安徽省能源局（皖环办〔2014〕7 号）
25	《安徽省空气自动检测质量检查实施方案》	2014 年 3 月 17 日	安徽省环境保护厅（皖环函〔2014〕378 号）
26	《大气污染防治重点工作厅内责任分工方案》	2014 年 1 月 26 日	安徽省环境保护厅办公室（皖环办秘〔2014〕4 号）

（续表）

序号	政策法规名称	审议、发文日期	审议、发文单位
27	《安徽省环境自动监测质量管理办法》	2013 年 10 月 23 日	安徽省环境监测中心站（皖环测〔2013〕115 号）
28	《安徽省燃煤小锅炉污染整治工作方案》	2014 年 4 月 17 日	安徽省大气污染防治联席会议办公室（皖大气办〔2014〕10 号）
29	《安徽省混凝土搅拌站环境综合整治工作方案》	2014 年 4 月 17 日	安徽省大气污染防治联席会议办公室（皖大气办〔2014〕10 号）
30	《安徽省加快储油库、加油站和油罐车油气污染治理工作方案》	2014 年 4 月 17 日	安徽省大气污染防治联席会议办公室（皖大气办〔2014〕10 号）
31	《安徽省矿山环境整治实施方案》	2014 年 4 月 17 日	安徽省大气污染防治联席会议办公室（皖大气办〔2014〕10 号）
32	《安徽省挥发性有机物污染整治工作方案》	2014 年 7 月 21 日	安徽省大气污染防治联席会议办公室（皖大气办〔2014〕23 号）
33	《安徽省重点行业清洁生产推行工作方案》	2014 年 9 月 18 日	安徽省大气污染防治联席会议办公室（皖大气办〔2014〕32 号）
34	《安徽省车用柴油升级实施方案》	2014 年 8 月 29 日	安徽省发展和改革委员会、安徽省商务厅、安徽省工商行政管理局、安徽省质量技术监督局、安徽省物价局（皖发改能源〔2014〕435 号）
35	《安徽省餐饮业环境污染防治管理暂行规定》	2014 年 8 月 12 日	安徽省环境保护厅、安徽省住房和城乡建设厅、安徽省商务厅、安徽省工商行政管理局、安徽省食品药品监督管理局（皖环发〔2014〕41 号）
36	《大气污染防治重点工业行业清洁生产技术推行方案》	2014 年 7 月 18 日	安徽省经济和信息化委员会（皖经信节能〔2014〕820 号）
37	《关于加强建筑施工渣土（建筑垃圾）运输及堆放管理的通知》	2014 年 5 月 22 日	安徽省住房和城乡建设厅、安徽省公安厅、安徽省交通运输厅、安徽省国土资源厅、安徽省环境保护厅（建城〔2014〕108 号）

（续表）

序号	政策法规名称	审议、发文日期	审议、发文单位
38	《安徽省建筑企业信用评分内容和评分标准》	2014 年 2 月 11 日	安徽省住房和城乡建设厅（建市〔2014〕34 号）
39	《安徽省建筑工程施工扬尘污染防治规定》	2014 年 1 月 30 日	安徽省住房和城乡建设厅（建质〔2014〕28 号）
40	《安徽省建筑工程施工扬尘污染防治导则（试行）》	2014 年 6 月 24 日	安徽省住房和城乡建设厅（建质函〔2014〕932 号）
41	《安徽省住房和城乡建设厅关于转发住房和城乡建设部关于保障性住房实施绿色建筑行动的通知》	2014 年 1 月 2 日	安徽省住房和城乡建设厅（建科函〔2014〕2 号）
42	《关于做好 2014 年安徽省绿色建筑示范专项资金项目实施工作的通知》	2014 年 8 月 6 日	安徽省住房和城乡建设厅（建科函〔2014〕1195 号）
43	《关于建设工程施工扬尘污染防治费计取的通知》	2014 年 4 月 10 日	安徽省建设工程造价管理总站（造价〔2014〕13 号）
44	《安徽省非煤矿山管理条例》	2015 年 3 月 27 日	安徽省人民代表大会常务委员会（安徽省人民代表大会常务委员会公告第二十五号）
45	《关于加快新能源汽车产业发展和推广应用的实施意见》	2015 年 3 月 27 日	安徽省人民政府办公厅（皖政办〔2015〕16 号）
46	《安徽省大气污染防治 2015 年工作计划》	2015 年 3 月 17 日	安徽省大气污染防治联席会议办公室（皖大气办〔2015〕3 号）
47	《关于下达 2015 年大气污染防治重点项目实施计划任务的通知》	2015 年 4 月 28 日	安徽省大气污染防治联席会议办公室（皖大气办〔2015〕5 号）
48	《关于加强秸秆禁烧联防联控工作的通知》	2015 年 9 月 8 日	安徽省大气污染防治联席会议办公室（皖大气办〔2015〕12 号）
49	《关于做好 2015 年秋季秸秆禁烧工作的通知》	2015 年 9 月 14 日	安徽省大气污染防治联席会议办公室（皖大气办〔2015〕13 号）

（续表）

序号	政策法规名称	审议、发文日期	审议、发文单位
50	《安徽省燃煤锅炉节能环保综合提升工程实施方案》	2015 年 7 月 13 日	安徽省发展和改革委员会、安徽省环境保护厅、安徽省财政厅、安徽省质量技术监督局、安徽省经济和信息化委员会、安徽省机关事务管理局、安徽省能源局、安徽省农业委员会（皖发改环资〔2015〕361 号）
51	《安徽省商品煤质量管理实施办法》	2015 年 6 月 12 日	安徽省发展和改革委员会、安徽省经济和信息化委员会、安徽省环境保护厅、安徽省商务厅、安徽省工商行政管理局、安徽省质量技术监督局、中华人民共和国安徽出入境检验检疫局、中华人民共和国合肥海关（皖发改能源〔2015〕264 号）
52	《安徽省煤炭清洁高效利用行动计划（2015—2020 年）实施方案》	2015 年 8 月 24 日	安徽省发展和改革委员会、安徽省环境保护厅、安徽省能源局（皖发改能源〔2015〕468 号）
53	《关于进一步加强混凝土搅拌站环境综合整治工作的通知》	2015 年 5 月 25 日	安徽省住房和城乡建设厅、安徽省环境保护厅、安徽省经济和信息化委员会（建质〔2015〕112 号）
54	《关于下达 2015 年大气污染防治综合补助和黄标车淘汰补助资金的通知》	2015 年 9 月 10 日	安徽省财政厅、安徽省环境保护厅（财建〔2015〕1400 号）
55	《安徽省 2015 年拟淘汰关闭非煤矿山及砖瓦黏土矿企业名单的通告》	2015 年 9 月 14 日	安徽省经济和信息化委员会、安徽省安全生产监督管理局
56	《转发工业和信息化部关于印发部分产能严重过剩行业产能置换实施办法的通知》	2015 年 5 月 30 日	安徽省经济和信息化委员会（皖经信产业函〔2015〕637 号）
57	《安徽省公安厅重污染天气期间停办户外大型活动工作方案》	2015 年 4 月 30 日	安徽省公安厅（皖公通〔2015〕24 号）

（续表）

序号	政策法规名称	审议、发文日期	审议、发文单位
58	《安徽省住房城乡建设系统重污染天气扬尘防治应急预案》	2015 年 5 月 5 日	安徽省住房和城乡建设厅（建质〔2015〕97 号）
59	《建筑垃圾再生资源化利用试点方案》	2015 年 4 月 20 日	安徽省住房和城乡建设厅（建城函〔2015〕669 号）
60	《关于转发合肥市预拌混凝土搅拌站扬尘综合治理工作实施情况动态考核评分细则（试行）的通知》	2015 年 6 月 19 日	安徽省住房和城乡建设厅（建城函〔2015〕1116 号）
61	《"优先发展公共交通示范城市"创建工作方案》	2015 年 10 月 26 日	安徽省交通运输厅（皖交运〔2015〕120 号）
62	《农作物秸秆综合利用技术方案》	2015 年 3 月 13 日	安徽省农业委员会（皖农能函〔2015〕180 号）
63	《关于做好 2105 年全省农作物秸秆综合利用工作的通知》	2015 年 4 月 10 日	安徽省农业委员会（皖农能函〔2015〕272 号）
64	《关于加强环境气象预报预警工作的通知》	2015 年 12 月 23 日	安徽省气象局减灾处、预报处（气减函〔2015〕16 号）
65	《安徽省教育系统重污染天气应急预感（试行）》	2015 年 4 月 20 日	安徽省教育厅（皖教秘〔2015〕195 号）

二、分析框架

政策文本包含丰富的信息，且具有多维特征。为满足分析安徽省大气污染治理政策的需要，首先，从总体演进和数量发展进行总体分析；然后，按照表 3-4 所列的政策分析框架，从"文本形式""政策主体""政策主题"和"政策工具" 4 个维度对安徽省大气污染治理政策进行具体分析，并将政策文本信息转化为数据，进行量化分析。

表 3 - 4　"四维度"分析框架及分析目的

分析维度	分析目的
维度1：文本形式	通过分析可以看出现有政策的规范性以及可操作性如何
维度2：政策主体	通过分析可以准确地反映大气污染治理涉及的部门、各部门之间的协作情况等
维度3：政策主题	通过分析了解政策文本的内容、主旨与目的，可以看出政策主要针对哪些方面，在哪些方面还存在欠缺
维度4：政策工具	通过分析可以了解哪些政策工具的应用存在缺失或不足，为后续出台的政策提供参考

第二节　安徽省大气污染治理政策文本的量化分析

本研究在对安徽省大气污染治理政策文本进行总体分析的基础上，从文本形式、政策主体、政策主题分布以及所运用的政策工具类型进行统计分析。

一、政策文本年度数量分析

从安徽省环保厅《安徽省大气污染防治工作文件汇编》选取的文件看，2013 年以来共选取我国颁布大气污染治理政策文件 13 份，长三角区域大气污染防治协作小组于 2014 年初成立，并在 2014 年和2015 年颁布了 7 份重要文件，安徽省共颁布了 65 份大气污染治理相关文件；这三个层面均于 2014 年颁布了较多的大气污染治理文件，其中安徽省在 2014 年共颁布相关政策文本达 37 份，将很多大气污染防治办法、方案等以文件的形式进行了明确的规定和通知。

二、文本形式分析

对大气污染治理政策文本按照文本形式进行统计，结果见表 3 - 5所列。国家以及长三角区域大气污染防治协作小组相关文件主要采用了"规划""方案""办法""通知""公告"这五种文本形式。安徽省大气污染治理政策也采用了这些文本形式，并针对具体行业大气污染的治理颁布了"意见""规定"文本形式的文件。

在 65 份安徽省大气污染治理政策文件中，"方案"为 25 项，"办法"为 15 项,这些文本形式具有较强的可操作性,对实际工作有更高指导意义,"意见"为 6 项,多是对总体规划的补充性说明,或者直接针对某一具体领域做出的相关规定。这表明安徽省大气污染治理政策指导意义与可操作性较强。"通知"具有使用范围广、使用频率高、时效性强的特点,"公告"则具有严肃、庄重、权威的特点,但安徽省大气污染治理政策以"通知""公告"形式颁布的只有 15 项,表明安徽省大气污染治理政策规范性和约束性相对欠缺。

表 3-5 安徽省大气污染治理政策"文本形式"统计情况

层面	文本类型	数量	特点	
			规范性和约束性	指导性和可操作性
国家以及长三角区域大气污染防治协作小组相关文件	规划	6	较强	较弱
	方案	7	弱	强
	办法	2	较弱	较强
	通知	4	较强	较弱
	公告	1	强	弱
安徽省相关文件	规划	2	较强	较弱
	方案	25	弱	强
	办法	15	较强	较强
	通知	13	较强	较弱
	意见	6	较强	较弱
	规定	2	强	弱
	公告	2	强	弱

三、政策主体分析

综观 85 份研究样本的政策主体,大气污染治理政策制定由国务院颁布具有指导意义的《大气污染防治行动计划》作为全国环境保护工作的重要指引,总揽我国大气污染防治的大局。国家相关文件共涉及13 个部委,其中 4 个部门独立颁布政策,9 个部门以联合颁布方式参与到政策的制定和发布中。长三角区域大气污染防治协作小组根据国家相关文件独立颁布 7 项相关文件。安徽省大气污染治理政策制定共涉及 26 个部门,其中 13 个部门独立颁布了 50 项文件,其余 13 个部门以联合颁布方式参与制定、发布了 15 项文件,见表 3-6 所列。

　　从安徽省 26 个部门的总体发文数量来看，安徽省大气污染防治联席会议发文数量最多，达 15 项，其次是安徽省人民政府和安徽省环境保护厅，均为 14 项，安徽省住房和城乡建设厅、安徽省财政厅、安徽省经济和信息化委员会也分别发文 12 项、8 项和 7 项。从独立发文的年度数量分布来看，安徽省大气污染治理政策在 2013 年独立发文的部门仅有安徽省人民政府和安徽省环境监测中心站，2014 年增加了 5 个部门，2015 年增加了 6 个部门；安徽省人民政府近三年都会出台大气污染治理政策，共颁布 14 项文件。从联合颁布数量的分布情况可以看出，无论是国家相关文件还是安徽省相关文件，以联合颁布形式发布的数量相对较少，对安徽省来说，2013 年的相关文件均是独立发布，但 2014 年有 16 个部门联合发布文件，2015 年联合发布文件的部门增加了 4 个。通过对安徽省大气污染治理政策文本的政策主体进行分析，可以看出越来越多的部门开始参与安徽省大气污染治理政策的制定，由省人民政府、省大气污染防治联席会议、省环境保护厅指导，多部门协作共同治理的良好局面逐渐形成。

表 3-6　安徽省大气污染治理政策"政策主体"统计情况

层面	政策主体	独立颁布数				联合颁布数				合计
		2013 年	2014 年	2015 年	合计	2013 年	2014 年	2015 年	合计	
国家相关文件	国务院	2	1	0	3	0	0	0	0	3
	环境保护部	1	1	2	4	0	2	2	4	8
	住房和城乡建设部	1	0	0	1	0	1	0	1	2
	工业和信息化部	0	1	0	1	0	0	1	1	2
	国家发展和改革委员会	0	0	0	0	0	2	2	4	4
	国家能源局	0	0	0	0	0	1	2	3	3
	交通运输部	0	0	0	0	0	1	0	1	1
	财政部	0	0	0	0	0	0	2	2	2
	公安部	0	0	0	0	0	0	1	1	1
	商务部	0	0	0	0	0	1	1	2	2

（续表）

层面	政策主体	独立颁布数				联合颁布数				合计
		2013年	2014年	2015年	合计	2013年	2014年	2015年	合计	
国家相关文件	海关总署	0	0	0	0	0	0	1	1	1
	国家工商行政管理总局	0	0	0	0	0	0	1	1	1
	国家质量监督检验检疫总局	0	0	0	0	0	0	1	1	1
长三角区域大气污染防治协作小组相关文件	长三角区域大气污染防治协作小组	0	0	7	7	0	0	0	0	7
安徽省相关文件	省人民政府	5	8	1	14	0	0	0	0	14
	省环境监测中心站	1	0	0	1	0	0	0	0	1
	省大气污染防治联席会议	0	11	4	15	0	0	0	0	15
	省环境保护厅	0	2	0	2	0	7	5	12	14
	省住房和城乡建设厅	0	5	3	8	0	3	1	4	12
	省经济和信息化委员会	0	1	1	2	0	1	4	5	7
	省建设工程造价管理总站	0	1	0	1	0	0	0	0	1
	省农业委员会	0	0	2	2	0	3	1	4	6
	省公安厅	0	0	1	1	0	3	0	3	4
	省气象局	0	0	1	1	0	1	0	1	2
	省交通运输厅	0	0	1	1	0	1	0	1	2

（续表）

层面	政策主体	独立颁布数				联合颁布数				合计
		2013 年	2014 年	2015 年	合计	2013 年	2014 年	2015 年	合计	
安徽省相关文件	省人民代表大会常务委员会	0	0	1	1	0	0	0	0	1
	省教育厅	0	0	1	1	0	0	0	0	1
	省财政厅	0	0	0	0	0	6	2	8	8
	省发展和改革委员会	0	0	0	0	0	3	3	6	6
	省商务厅	0	0	0	0	0	2	1	3	3
	省工商行政管理局	0	0	0	0	0	2	1	3	3
	省能源局	0	0	0	0	0	1	2	3	3
	省质量技术监督局	0	0	0	0	0	1	2	3	3
	省物价局	0	0	0	0	0	1	0	1	1
	省食品药品监督管理局	0	0	0	0	0	1	0	1	1
	省国土资源厅	0	0	0	0	0	1	0	1	1
	省安全生产监督管理局	0	0	0	0	0	0	1	1	1
	省机关事务管理局	0	0	0	0	0	0	1	1	1
	中华人民共和国安徽出入境检验检疫局	0	0	0	0	0	0	1	1	1
	中华人民共和国合肥海关	0	0	0	0	0	0	1	1	1

四、政策主题分析

为了解安徽省大气污染治理政策文本的内容、主旨与目的，对政策文本的政策主题进行分析。本研究对85份政策文件中的章节或条款进行编码、分析，梳理了693条政策，其中国家以及长三角区域大气污染防治协作小组颁布的政策有232条，安徽省有461条。结合大气污染涉及的领域，归纳了9类政策主题，分别是工业大气污染治理、机动车污染治理、秸秆利用与禁烧、城市大气污染防治、产业结构调整、能源结构调整、技术支撑、监测预警体系建立、机制建立。通过对安徽省461条大气污染治理政策主旨及内容的分析发现，围绕这9类政策主题，安徽省大气污染治理政策几乎涵盖大气污染治理的方方面面（见表3－7所列）。

表3-7　政策文本所涉及的主题

政策主题	关键词
工业大气污染治理	整治燃煤小锅炉、挥发性有机物治理、重点行业污染防治
机动车污染治理	机动车保有量、机动车环保管理交通管理、提升燃油品质、淘汰黄标车和老旧车、推广新能源汽车
秸秆利用与禁烧	秸秆综合利用、禁烧
城市大气污染防治	扬尘治理、餐饮油烟污染治理
产业结构调整	节能环保准入、淘汰落后产能、产业升级、空间布局
能源结构调整	控制煤炭消费总量、清洁能源替代、提高能源使用效率
技术支撑	清洁生产技术推行、科技创新、科研体系建设、大气污染物控制技术研究
监测预警体系建立	应急预案、重污染天气预测预报、监测预警应急体系
机制建立	分工方案、部门协调联动、运行机制、考核办法、专项资金管理、动员社会参与

从政策主题的数量分布来看，国家以及长三角区域大气污染防治协作小组对于大气污染治理的这9个方面均发布了具有指导意义的政策，较侧重于机动车污染治理以及能源结构调整。在安徽省颁布的大气污染治理政策中，能源结构调整政策最多，有101项，占政策文本总数的21.9%；居第二位的是机动车污染治理，为95项，占政策文本总数的20.6%；而以技术支撑、监测预警体系建立为主题的政策相对较少，具体见表3－8和表3－9所列。

表 3-8　国家以及长三角区域大气污染防治协作小组大气污染治理政策主题统计情况

政策主题	2013 年	2014 年	2015 年	合计
工业大气污染治理	10	10	12	32
机动车污染治理	1	23	30	54
秸秆禁烧	0	1	2	3
城市大气污染防治	1	2	5	8
产业结构调整	8	5	1	14
能源结构调整	4	9	31	44
技术支撑	4	8	3	15
监测预警体系建立	3	7	14	24
机制建立	1	16	21	38
合计	32	81	119	232

表 3-9　安徽省大气污染治理政策主题统计情况

政策主题	2013 年	2014 年	2015 年	合计
工业大气污染治理	14	21	15	50
机动车污染治理	5	56	34	95
秸秆利用与禁烧	0	18	24	42
城市大气污染防治	2	36	19	57
产业结构调整	7	24	21	52
能源结构调整	6	25	70	101
技术支撑	1	6	5	12
监测预警体系建立	3	2	11	16
机制建立	10	13	13	36
合计	48	201	212	461

从安徽省大气污染治理政策主题的时间分布来看，对于 9 类大气污染治理政策，安徽省基本每年都有相关主题的政策出台，其中 2013 年共颁布 48 条政策，有 14 条以工业大气污染治理为主题，2014 年共颁布 201 条政策，比较注重机动车污染治理以及城市大气污染防治，

2015 年共颁布 212 条政策，以能源结构调整为主题的大气污染治理政策最多，其次是机动车污染治理。另外，可以看出秸秆利用与禁烧近两年得到安徽省的重视。

从安徽省大气污染治理政策主题的数量分布情况，基本可以看出：

1. 安徽省大气污染治理政策与国家层面大气污染治理政策相符。国务院 2013 年 9 月颁布了我国《大气污染防治行动计划》，作为全国环境保护工作的重要指引，主要围绕上述 9 类主题做出相应规定和指导，总揽了我国大气污染防治的大局。安徽省在这 9 个方面均制定了大气污染治理政策，对于国家和长三角区域大气污染防治小组比较侧重的机动车污染治理以及能源结构调整，安徽省也颁布了较多的政策。

2. 安徽省大气污染治理政策与社会经济发展状况相关。粗放型的经济发展方式是大气污染的重要来源，安徽省近年来承接了很多长三角地区的低端产业转移，这也一定程度给空气质量造成了危害，因此在产业结构调整、能源结构调整方面的政策占了 33.2%。安徽省城市大气污染防治政策数量居第三位，这一定程度上源于安徽省房地产经济的发展，建筑行业进一步扩大，防治扬尘污染的需求日益迫切。

结合安徽省大气污染治理政策主题的数量与时间分布，可以看出对于国家和长三角区域大气污染防治小组每年颁布数量最多的政策主题，安徽省同样颁布较多的政策以响应国家号召，落实国家和长三角区域大气污染防治小组下达的相关文件。

五、政策工具分析

大气污染治理政策属于环境政策，环境政策工具指的就是实现环境政策目标的各种政策工具，通常包括：命令和强制性手段、基于市场的环境经济手段和以信息披露为代表的其他政策工具[①]。借鉴环境政策工具的分类方式，根据大气污染治理政策的性质，将大气污染治理政策工具分为以下三类：

1. 命令与控制型政策工具：政府通过以直接管制为主要特征的命

---

① 参见 Baumol and Oates（1988），Boadway and Wildasin（1984）or Oakland（1987）的研究

令控制工具来解决大气污染的治理问题，其发挥作用的主体是政府，执行者是相关部门、企业及个体。大气污染危机处理以政府力量为主，即是动用行政系统的力量。命令与控制型政策主要体现在：其一，大气污染治理目标责任制，规定主要部门对当地空气质量负责，企业家对企业的污染防治负责。其二，对高污染、高耗能的生产方式采取直接禁止、淘汰等指令方式进行调控；提高高耗能、高排放和产能过剩行业准入门槛。其三，提高重点行业污染物排放标准和清洁生产评价指标；提高供应燃油质量标准，施行机动车尾号限行政策。

2. 经济激励型政策工具：基于市场的大气污染治理政策工具，指通过市场信号，而非关于排放量或者治理技术的直接指令来激励企业或个体行为的规制手段，这种政策发挥作用的主体是市场，执行者是企业、个体。这类大气污染治理政策工具包括可交易许可证、排污费、政府补贴等等，它们通过引导企业或者个体根据各自的成本与收益情况来做出决策，并达到政策目标，如：采取补贴方式促进市内黄标车辆淘汰，积极推广新能源汽车；对违反相应规定的扬尘与尾气超标行为进行罚款。在经济激励型政策中，补贴方式为正向激励手段，罚款方式为逆向激励手段。

3. 公众参与型治理政策：政府通过相关政策的引导、推动作用，使公众通过一定的程序或途径自发的参与一些与大气污染治理有关的活动，这种政策发挥作用的主体是政府，执行者是全体社会大众。主要表现在加强媒体宣传，呼吁公众参与环保；披露相关信息；公众投诉等。

大气污染治理政策工具统计情况见表 3-10 和表 3-11 所列，按照条款项目数计，国家及长三角区域大气污染防治小组颁布的政策大部分运用的是命令控制型政策工具，占总数的 75%，经济激励型政策工具和公众参与型政策工具分别占 7.8% 和 5.6%，其余为混合以及综合型政策工具。这主要是因为国家层面的大气污染防治以政府单方面行动为主，用行政力量进行防控，制定相关环境标准对污染水平实行管制，发布具有指导意义、统揽大局的相关政策。与国家层面的政策相比，安徽省大气污染治理政策综合运用多种政策工具，但命令控制型政策工具仍然为大多数，有 317 条，占了 68.8%，经济激励型政策工具有 59 条，占了 12.8％，公众参与型政策工具有 48 条，占了 10.4％，其余为混合及综合型政策工具。按政策工具的时间分布来看，近三年来，在国家及长三角区域大气污染防治小组所运用的政策工具中，混合以及综合型政策工具所占的比例分别为 7.2％、8.4％、15.1％，安徽省所运用的混合以及综合型政策工具所占的比例分别为 6.3％、7.5％、9％，均有小幅度的上升。总体来看，安徽省大气污染治理仍然以行政力量为主，政策工具数量的不均衡为后续出台的政策预留了填补的空白和空间。

表 3－10　国家以及长三角区域大气污染防治协作小组大气污染治理"政策工具"统计情况

政策工具	2013 年	2014 年	2015 年	合计
命令控制型	34（80.9％）	58（81.7％）	82（68.9％）	174（75％）
经济激励型	3（7.1％）	3（4.2％）	12（10.1％）	18（7.8％）
公众参与型	2（4.8％）	4（5.7）	7（5.9％）	13（5.6％）
命令控制型、经济激励型	1（2.4％）	2（2.8％）	6（5.0％）	9（3.9）
命令控制型、公众参与型	2（4.8％）	3（4.2％）	12（10.1％）	17（7.3％）
经济激励型、公众参与型	0	0	0	0
综合型	0	1（1.4％）	0	1（0.4％）
合计	42	71	119	232

表 3－11　安徽省大气污染治理"政策工具"统计情况

政策工具	2013 年	2014 年	2015 年	合计
命令控制型	36（75％）	130（64.7％）	151（71.2％）	317（68.8％）
经济激励型	4（8.3％）	28（13.9％）	27（12.7％）	59（12.8％）
公众参与型	5（10.4％）	28（13.9％）	15（7.1％）	48（10.4％）
命令控制型、经济激励型	2（4.2％）	4（2％）	5（2.4％）	11（2.4％）
命令控制型、公众参与型	0	7（3.5％）	9（4.3％）	16（3.5％）
经济激励型、公众参与型	0	2（1％）	2（0.9％）	4（0.8％）
综合型	1（2.1％）	2（1％）	3（1.4％）	6（1.3％）
合计	48	201	212	461

六、引入主题维度的政策工具使用状况

通过政策文本主题和政策工具交互关系的分析，可以更加透彻地了解安徽省在制定各类主题的大气污染治理政策时已经运用了哪些政策工具，缺少哪些政策工具的运用。本部分仅对安徽省大气污染治理政策文本进行分析，具体见表3-12所列。

表3-12　政策主题维度的政策工具使用频数统计情况

政策主题	政策工具类型						
	命令控制型	经济激励型	公众参与型	命令控制型经济激励型	命令控制型公众参与型	公众参与型经济激励型	综合型
工业大气污染治理	33	4	9	2	1	0	1
机动车污染治理	44	23	16	4	4	2	2
秸秆利用与禁烧	25	9	4	1	1	1	1
城市大气污染防治	47	4	4	0	2	0	0
产业结构调整	43	0	6	2	1	0	0
能源结构调整	78	9	5	1	6	1	1
技术支撑	8	0	4	0	0	0	0
监测预警体系建立	13	1	0	0	1	0	1
机制建立	26	9	0	1	0	0	0

从表3-12的横向统计来看，城市大气污染防治、产业结构调整、能源结构调整、机制建立方面的政策均高度集中于命令控制型政策工具的运用（集中比例都在70%以上），如城市大气污染防治政策中命令控制型政策工具47项，占城市大气污染防治政策数量的82.5%；从表3-12的纵向统计结果来看，经济激励型政策工具、公众参与型政策工具均集中于机动车污染治理政策。总体来看，机动车污染治理政策所运用的政策工具比较均衡，为了保障政策的成效，运用了一些混合型的政策工具，如《安徽省机动车排气污染防治办法》中的第十

一条规定对持黄色环保检验合格标志的机动车采取限制区域、限制时间行驶的措施，同时采取经济补贴鼓励高排放机动车提前淘汰、更新；秸秆利用与禁烧、能源结构调整、工业大气污染治理也适当运用了混合型及综合型政策工具。其他类主题的政策在混合型、综合型政策工具的运用上存在缺失，这一定程度上导致了政策的效果不显著。

第三节 安徽省大气污染治理政策文本量化分析的结论和政策启示

一、结论

1. 安徽省现有大气污染治理相关政策较多地采用"方案""办法"等形式，而以"通知""公告"形式颁布的只有 15 项，表明现有大气污染治理政策虽然具有指导意义与可操作性较强的特点，但规范性和约束性相对欠缺。

2. 安徽省现有大气污染治理政策的颁布主体众多，涉及 26 个部门，且个别文件的共同签署部门达到 8 个之多，表明大气污染治理具有高复杂性和高综合性特点。为有效推进安徽省大气污染治理，需要相关政府部门的有效协调与合作。

3. 大气污染已发展为工业气体排放、机动车尾气、扬尘污染、秸秆焚烧等多层面多主体的综合型污染。不同类型的污染情况不一样，因此需要针对不同主题的具体情况，制定针对性强的相关政策。安徽省大气污染治理政策以能源结构调整、机动车污染治理居多，对于其他主题的政策制定还留有空间。

4. 不论是对政策工具的整体分析还是分主题分析，都可以看出命令控制型政策工具是安徽省大气污染治理的主要政策工具，但是其应用存在过溢。经济激励型、公众参与型政策工具的应用在大气污染各个主题的政策制定上存在不同程度的缺失。

二、政策启示

（一）加强政策本身的规范性和约束性

安徽省大气污染治理在实际操作层面上的文件较多，采用了"方案""办法"等形式，更多地突出政策目标、工作重点、实施步骤、政策措施和具体要求等操作性内容，但是在宏观层面上为大气污染治理设立目标、指引方向的文件偏少。因此，政府在制定大气污染治理政策时应适当兼顾"通知""公告"等政策文本形式，以统筹大气污染治理工作并增强其他形式的文件的权威性。

（二）加强行政管理部门之间的协调沟通

参与制定政策的部门过多，容易导致制定效率的低下及政策的重复与冲突，目前安徽省已经建立安徽省大气污染防治联席会议作为大气污染治理的总领导和总协调部门。因此需要发挥这一核心的行政管理部门的作用，建立统一的政策框架，在明确各级政府职责权限的同时加强政府之间的横向和纵向联系。另外，安徽省大气污染治理在落实各级政府工作责任的同时，施行年度考核制度，《安徽省大气污染防治行动计划实施方案》中规定"未能完成年度目标任务的，要依法依纪追究有关单位和人员的责任"，但是在督促各级部门积极进行大气污染治理方面缺乏正向的激励，应针对大气污染落实情况适当提供正向激励，鼓励各部门在各自的职责范围内进行创新，积极应对各项大气污染治理事务。

（三）重视技术支撑和监测预警体系建立相关政策的发布

通过对安徽省大气污染治理政策主题的统计和分析，可以看出技术支撑和监测预警体系建立这两个方面的具体政策相对比较少。科学技术在大气污染治理过程中有着不容忽视的作用，一方面，通过科学技术手段的有效运用寻找污染形成的原因及影响，充分利用科学技术手段，控制污染源，加大对污染物排放的监测和处理；另一方面，通过科学技术能够更准确地监测大气污染数据，制定科学的大气污染排放标准。及时准确的监测预警体系能提高政府的预测力，治理大气污染问题必须坚持预防和治理相结合，我国《大气污染防治行动计划》

已经将建立监测预警体系纳入到空气质量保障工作之中，预防作为考察政府执政能力和前瞻性眼光的重要内容，应该得到安徽省大气污染治理的重视。技术支撑和监测预警体系建立这两类在大气污染治理政策中占比较低的主题，为后续出台的政策预留了需填补的空白和空间，在未来政策的优化及调整过程中，应有针对性地对这些政策空间给予足够重视并逐步完善。

（四）均衡合理地使用各类政策工具

通过对安徽省大气污染治理政策工具使用情况的分析可知，安徽省大气污染治理政策的各类政策工具的使用存在不均衡的现象。相对来说，命令控制型政策工具使用过多，大多数主题的政策缺乏混合型和综合型政策工具的使用。各类政策工具都有优缺点，其作用也不尽相同。

1. 由于命令控制型政策的强制性，所以很容易取得立竿见影的成效，对促进政策目标的实现及一些突发的大气污染事务的处理有着重要的作用。但是，这种政策并不是完美的，如北京、天津等城市实施尾号限行的措施如果长期执行，又会引发企业和个人为了规避限号而购买多辆汽车的行为；排污企业基于自身经济利益的追求，罔顾排污标准的情况也时有发生。

2. 经济激励型政策主要通过正向和反向的激励来达到政策效果。一方面，通过经济利益的刺激，能使企业和个体尽快停止大气污染行为；另一方面，可以灵活调整补贴和罚款的标准，政府能通过不同标准的补贴金额以达到期望的正面激励效果，根据污染情况的程度和治理费用预算来确定罚款数量。但是，补贴数额不足会导致政策无法起到正面激励的效果，一旦污染行为能够取得的经济利益比罚款额度更大，企业或个体便会继续污染行为。此外，在市场机制不成熟的地区，经济激励型政策工具的运用会受到制约。

3. 公众参与型政策工具的运用有利于形成大气污染治理的良好社会风气，提高大气污染治理政策的实施效果。但是，环保意识的薄弱、过度依赖政府往往使这类政策工具达不到预期的效果。

因此，在制定大气污染治理政策时过度依赖某一类型政策工具的运用往往影响政策实施的效果，根据政策主题的属性和政策目的合理地使用各类工具，尽可能在大气污染治理的不同主题的政策制定时均衡使用各类工具，并注意结合各类政策工具的利弊，综合运用各种政策工具。同时，加大大气污染治理的宣传力度，拓宽空气质量信息公开的渠道，从而形成全民参与大气污染治理的氛围，使公众参与型政策工具能够起到协助命令控制型政策工具以及经济激励型政策工具的作用，以达到政策的实施效果。

第四章 安徽省大气污染现状与防治

2015 年 1 月 31 日，《安徽省大气污染防治条例》已经过省十二届人大四次会议表决通过，该条例可谓"史上最严"，诸多规定颇具"震慑力"，这必将对安徽大气污染防治工作起到积极的推动作用。本章在对大气污染作基本介绍后，主要对安徽大气污染的质量状况、物排放状况、演变趋势及区际的比较作数量分析，对安徽大气污染防治工作取得的主要成绩做总结，对"十三五"期间安徽大气污染防治面临的问题和形势作分析。

第一节 大气污染概述

当前，我国面临着十分严峻的大气污染形势，雾霾问题已成为人们普遍关心的生态问题，PM2.5 也随即成为人们口中提及频率较高的字眼，大气污染这个问题一瞬间又被扣上了急需解决的帽子。大气污染危害着人民群众的身体健康，也造成了巨大的经济损失，严重影响着我们的生活、工作和发展。

一、大气污染与雾霾

（一）大气污染的概念

空气中污染物的浓度达到有害程度，以至破坏生态系统和人类正常生存和发展的条件，对人和生物造成危害的现象叫大气污染。大气污染的成因有自然因素，如火山爆发、森林火灾、岩石风化等；也有人为因素，如工业废气、燃烧废气、汽车尾气和核爆炸等。随着人类生产活动加剧和经济迅速发展，在大量消耗能源的同时，将大量的废气、烟尘物质排入大气中，严重影响了大气环境质量。据世界卫生组织（WHO）规定，大气污染的定义是："室外的大气中若存在人为造成的污染物质，其含量与浓度及持续时间可引起多数居民的不适感，在很大范围内危害公共卫生，并使人类、动植物生活处于受妨碍的状态。"

（二）常见的大气污染物

大气污染物是指由于人类活动或者自然过程排放到大气中，对人或环境产生不利影响的物质。

按中国环境标准和环境政策法规规定，大气污染物可分为两种：一种是为履行国际公约而确定的污染物，主要是二氧化碳（CO_2）和氯氟烃（CCl_3F、CCl_2F_2）等；另一种是全国性的大气污染物，主要有烟尘、工业粉尘、二氧化硫（SO_2）、氮氧化物（NO_x）、一氧化碳（CO）、臭氧（O_3）等。

按污染物的存在状态可将其分为颗粒污染物和气态污染物。各种工业企业产生的大气污染物见表 4-1 所列。

表 4-1　颗粒污染物和气态污染物

颗粒污染物		气态污染物	
污染物种类	污染物颗粒大小	污染物种类	污染物举例
粉尘	$1\sim200\mu m$	含硫化合物	SO_2、SO_3、H_2S
烟	$0.01\sim1\mu m$	含氮化合物	NO、NO_2、NH_3
飞灰		碳的氧化物	CO、CO_2
黑烟		碳氢化合物	CH_4
雾		卤素化合物	HF、HCL

一般而言，气态污染物又可以分为两类：一次污染物和二次污染物。一次污染物是指直接从污染源排放的污染物质，如二氧化硫（SO_2）、一氧化氮（NO）、一氧化碳（CO）、氟化氢（HF）等，它们又可分为反应物和非反应物，前者不稳定，在大气环境中常与其他物质发生化学反应，或者作催化剂促进其他污染物之间的反应，后者则不发生反应或反应速度缓慢。

二次污染物是指由一次污染物在大气中互相作用经化学反应或光化学反应形成的与一次污染物的物理、化学性质完全不同的新的大气污染物，其毒性比一次污染物还强。最常见的二次污染物如硫酸盐气溶胶、硫酸烟雾、光化学氧化剂、臭氧、过氧乙酰硝酸酯等。

2012 年我国发布的新版《环境空气质量标准》（GB3095—2012）主要污染控制项目涵盖了二氧化硫（SO_2）、二氧化氮（NO_2）、可吸入颗粒物（PM10）、细颗粒物（PM2.5）、臭氧（O_3）和一氧化碳（CO）。

（三）PM2.5

PM2.5 指的是 2.5 微米以下的细颗粒物（PM2.5），主要来自化石燃料的燃烧（如机动车尾气、燃煤）、挥发性有机物等。

PM2.5 不是一种单个的空气污染物，而是由许多来自不同自然污染源中的大量不同化学成分组成的一种复杂而可变的污染物。就产生过程而言，PM2.5 可以是由污染源直接排出（称为一次颗粒物或一次粒子），也可以是各污染源排出的气态污染物在大气中经过复杂的化学反应而生成的（称为二次颗粒物或二次粒子），这些前体污染物包括二氧化硫、氮氧化物、挥发性有机物（VOCs）和氨等，其中二次颗粒物所占比例较大。

北京市已经开展了多年的 PM2.5 源解析工作，结果显示：北京的 PM2.5 大概 22% 以上是机动车排放的；近 17% 是燃烧煤炭如电厂、锅炉、散煤排放的；16% 是扬尘排放的；有 16% 是工业喷涂挥发如汽车喷漆、家具喷漆产生的；4.5% 是农村养殖、秸秆焚烧产生的；有 24.5% 不是北京产生的污染，主要来源于天津和河北。

（四）雾霾

雾霾是雾和霾的组合词，雾和霾都是漂浮在大气中的粒子，都能使能见度恶化从而形成气象灾害，但是其组成和形成过程完全不同。雾是大量微小水滴浮游空中；霾是大量极细微的干尘粒等均匀地浮游在空中。通常雾霾指的就是霾污染。

霾的形成主要与空气中悬浮的大量微粒和气象条件有关，其成因有三：（1）水平风速较小。城市里高楼林立，空气经过时水平风速显著降低，不利于空中悬浮微粒的扩散，悬浮颗粒容易在城区和近郊积累。（2）大气在垂直方向上出现逆温，逆温层结构稳定，不容易发生垂直对流，不利于污染物向上扩散，而被阻滞在低空和近地面层，这样低层特别是近地面层空气中的污染物（包括粉尘）积累，从而形成了霾。（3）空气中悬浮颗粒物的增加。随着工业发展和城市规模不断扩大、机动车辆猛增，人类活动排放的悬浮物大量增加。导致霾天气产生的罪魁祸首是PM2.5，PM2.5对空气质量和能见度有重要影响，当大量极细微的包括PM2.5在内的颗粒均匀地浮游在空中，造成空气混浊，使水平能见度小于10千米，并且相对湿度小于或等于70%，这时呈现的天气就是霾天气。

从世界上多个发达国家环境污染与保护历史过程来看，霾天气与工业化和经济发展水平有着紧密的关系。当一个国家经济发展水平较低时，环境污染的程度也比较轻，但是随着工业化进程的加速，环境恶化程度开始随着经济的增长而加剧。第一次工业革命促使英国成为"世界工厂"，英国人使用了整个西方世界煤炭产量的2/3，随之冬季的烟雾问题开始变得十分严重。其他发达国家在工业高速发展期，也大多经历过霾的集中爆发。

中国气象局与中国社会科学院联合发布的《气候变化绿皮书：应对气候变化报告（2013）》认为，近年来我国霾天气增多的主要原因是化石能源消费增多，造成的大气污染物排放逐年增加。这些污染的主要来源是热电排放、工业尤其是重化工生产、汽车尾气、冬季供暖、居民生活（烹饪、热水），以及扬尘。此外，人类活动产生的光化学产物、烹饪、汽车尾气等造成的挥发性有机物转化为二次有机气溶胶，都将使霾情况频繁产生。

二、大气污染的危害

大气污染的危害主要表现在对人和其他生物的危害以及对环境的危害。

空气时时刻刻围绕在人类身边，人类依靠呼吸空气才得以生存。大气污染直接或间接地影响人体健康，引起感官和生理机能的不适反应，产生亚临床的和病理的改变，出现临床体征或存在潜在的遗传效应，发生急、慢性中毒或死亡等。

就目前对雾霾天气贡献巨大的 PM2.5 而言，对人体的健康具有全方位的影响。通常来说，粒径在 10 微米以上的颗粒物可被鼻毛吸留；粒径在 2.5～10 微米之间的颗粒物能够进入上呼吸道，但部分可通过咳嗽、痰液等方式排出体外，对人体健康危害相对较小。粒径在 2.5 微米以下的细颗粒物（PM2.5）不易被阻挡，进入肺泡后可迅速被吸收、不经过肝脏解毒直接进入血液循环分布到全身，而不溶性部分则沉积在肺部，诱发或加重呼吸系统疾病；PM2.5 还能携带空气中的病毒、细菌、放射性尘埃和重金属等物质；PM2.5 能够刺激肺内迷走神经，造成神经功能紊乱从而波及心脏，并可直接到达心脏，诱发心肌梗塞；PM2.5 可引起血液系统毒性，刺激血栓的形成，是心血管意外的潜在隐患，还可以造成凝血异常、血黏度增高，导致心血管疾病发生；此外，PM2.5 附着很多重金属及多环芳烃等有毒物，这些有毒物可以穿过胎盘，直接影响胎儿，易导致胎儿发育迟缓。

大气污染对植物和其他动物的影响也很严重，可以使植物枯竭死亡，减缓生物的正常发育，降低对害虫的抵抗能力，影响植物光合作用等等。大气污染同时还能严重污染土壤，杀死土壤里的微生物，使土壤酸化，不利于作物的生长。

大气污染对环境的影响主要表现有酸雨、臭氧空洞以及全球变暖。酸雨的危害大家有目共睹，它造成了许多动植物的死亡，危害了土壤，污染了水源。据估计，酸雨每年要夺走近万人的生命。臭氧层空洞也是大气污染的后果之一。臭氧层空洞之后，宇宙中有害的紫外线便可直接进入到地球上，危害人们的身体健康，增加了皮肤癌的发病率。被破坏的臭氧层防御功力减小了许多，给人类带来了可怕的影响。大气污染还造成了全球变暖。全球气候变暖，海平面上升，南极冰川融化，这些以前从来未出现的词语被提及的频率越来越高。全球变暖造成了一系列严重的自然灾害，也夺取了许多鲜活的生命。

三、大气污染防治

（一）我国现阶段治理大气污染的重点

现阶段我国大气污染防治的重点措施就是"控煤、治车、降尘"。

控煤 我国能源综合利用利率约为 33％，比发达国家低 10 个百分点；单位产值能耗是世界平均水平的两倍多，主要产品单位能耗比国外先进水平高近 40％。传统的以煤炭为主的一次能源结构，决定了能源生产和消费中排放大量废气、废水、固体废物等污染物，造成环境质量急剧恶化。因此，控制煤炭的燃烧与消费，转变经济增长方式，生产方式由高碳向低碳转变，实现对自然资源的高效利用与平衡，是遏制大气污染的关键因素。

治车 近几年来，我国汽车生产连续每年达 1300 多万辆，汽车保有量每年以两位数增长；汽车排放大量的污染成了城市大气污染的主要祸首，几乎中国的每个城市都处在机动车拥堵和排放污染的困扰之中。治理汽车排气污染，淘汰黄标车，鼓励使用清洁能源汽车和电动车，个别特大城市甚至不得不实行限制汽车措施。因此，治理汽车排气污染，是改善城市空气质量的保障措施。

降尘 改革开放 30 年发展，全国就像一个大工地，城市的扩大，开发区从无到有的建设，道路的延伸。建筑扬尘、道路扬尘、建筑材料堆场扬尘、裸露地面扬尘等，加上农业秸秆燃烧、生活油烟排放、烟花爆竹燃放，是形成雾霾的元凶。因此，治理烟粉尘污染，降低扬尘颗粒物，是治理雾霾，改善大气环境质量的重要保证。

（二）安徽省大气污染防治的具体措施

2013 年 9 月 10 日，国务院《大气污染防治行动计划》提出目前我国大气污染防治工作的六大具体措施是：（1）严格依法开展环境执法监管，从严惩处环境违法行为；（2）加大大气污染防治资金投入，保障各项防治措施落实到位；（3）强化地方政府责任，对考核未通过的地区，进行通报批评，并会同组织、监察部门对该地区负责人进行约谈、诫勉谈话；（4）强化部门协调配合，建立并完善区域大气污染联防联控机制；（5）充分发挥市场机制作用，调动地方政府、企业积极性；（6）加大大气环境质量信息公开力度，动员全社会共同参与大气污染防治。

在推进生态文明建设、加强环境保护工作中，安徽省始终将大气污染防治作为重中之重，按照党中央和国务院部署，坚持统筹推进，明确目标，落实责任，突出重点，加强整治，创新机制，强化保障，全力推进大气污染防治工作。

1. 建立组织协调机制，加强统筹调度

省政府建立了由常务副省长担任第一召集人、分管副省长任召集人、省直有关部门负责人参加的全省大气污染防治联席会议制度，定期召开会议，促进区域工作联动，协调解决突出问题，统筹推进全省大气污染防治工作。各市、县政府也建立了相应的工作机构，形成了政府主导、部门负责、地方推动、全社会广泛参与的联动机制。

2. 建立政策保障机制，强化重点整治

近年来的治理过程中，安徽省先后制定了《安徽省大气污染防治行动计划实施方案》《大气污染防治重点工作部门分工方案》《安徽省重污染天气应急预案》等一系列政策文件，明确各项工作措施，着力改善安徽省环境空气质量。同时，出台了《燃煤小锅炉污染整治工作方案》《安徽省加快黄标车及老旧车辆淘汰工作方案》等各个工作领域专项治理方案，确保各项整治工作落到实处。加快发展农村清洁能源，鼓励农作物秸秆综合利用，推广生物质成型燃料技术，禁止露天焚烧秸秆等农作物废弃物，确保城市周边、交通干线、机场周围空气质量。2015年1月31日，《安徽省大气污染防治条例》正式颁布，为推动全省环境质量逐步改善提供坚强法律保障。

3. 建立监督调查机制，加强工作监管

省政府定期召开全省大气污染防治工作专题调度会，明确工作要求，研究确定重点任务，督促落实防治措施。省环保厅组织相关部门合力开展暗访督查工作，及时曝光污染问题，完善部门联手、上下联动、城乡联治的工作格局。每月在安徽日报等主流媒体上公布各市可吸入颗粒物浓度排名情况，加大舆论监督压力。

4. 建立目标责任机制，强化考核问责

省政府与各市政府签订了大气污染防治目标责任书，细化分解目标责任，出台了《大气污染防治行动计划实施情况考核办法（试行）》和《实施细则》，要求严格实行环境空气质量改善目标和大气污染防治重点工作"双考核",并将考核结果作为各地党政领导班子和领导干部经济社会发展政绩考核的重要指标和依据。

第二节　安徽省大气污染现状

我国快速城市化和工业化过程,使得多种大气污染问题在过去近30年内集中出现,大气污染呈现复合性的特征,空气质量显著恶化,并以城市为中心向区域蔓延。目前我国大气污染特征已从煤烟型污染转变成为复合型污染。环境保护部公布的材料显示,当前我国以煤为主的能源结构未发生根本性变化,煤烟型污染作为主要污染类型长期存在,城市大气环境中的二氧化硫和可吸入颗粒物污染问题没有全面解决;同时机动车保有量持续增加,尾气污染愈加严重,灰霾、光化学烟雾、酸雨等复合型大气污染物问题日益突出。其中,臭氧、可吸入颗粒物、二氧化硫、氮氧化物、挥发性有机物等成为大气主要污染物。安徽省作为重要的农产品生产、能源、原材料和加工制造业基地,在快速发展过程中,环境空气质量恶化问题尤其突出。

一、大气环境质量现状

(一)二氧化硫

图4-1为2001—2014年安徽省省平均及各地市 SO_2 年日均浓度图。从各地市二氧化硫年均浓度柱状图可见,2006年之前各地市二氧化硫浓度明显增加,2006—2010年下降明显,其后基本呈现下降或平稳趋势,个别地市二氧化硫浓度呈现上升趋势,比如亳州。除铜陵市各地市二氧化硫年均值都能满足《环境空气质量标准》(GB3095—2012)中的二级标准要求。铜陵市二氧化硫历年年均浓度均较高,2014年中出现了6次年均浓度超出环境空气质量标准中二氧化硫二级年均标准值 $60\mu g/m^3$。

(二)二氧化氮

图4-2为2001—2014年安徽省省平均及各地市 NO_2 年日均浓度图。

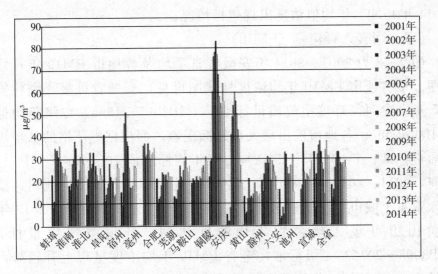

图 4 - 1　2001—2014 年安徽省省平均及各地市 SO_2 年日均浓度

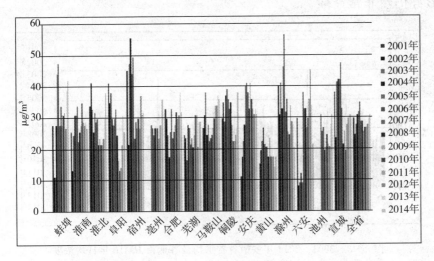

图 4 - 2　2001—2014 年安徽省省平均及各地市 NO_2 年日均浓度

从各地市二氧化氮年均浓度柱状图可见，总体而言 2006 年后二氧化氮年均浓度较高，2006 年以前有所下降，但 2006 年后年际间波动明显，近五年二氧化氮年均值呈现出逐年上升的趋势。2001—2014 年全省年均二氧化氮浓度满足《环境空气质量标准》（GB3095—2012）中的二级标准低于 $40\mu g/m^3$ 要求。2012—2014 年，参照《环境空气质量标准》（GB3095—2012）中二级标准，六安市（2012 年）、蚌埠市

（2014 年）NO₂ 年均值浓度出现超标情况。

（三）可吸入颗粒物（PM10）

图 4-3 为 2001—2014 年安徽省省平均及各地市 PM10 年日均浓度图。从各地市 PM10 年均浓度柱状图可见，安徽省可吸入颗粒物污染严重。参照《环境空气质量标准》（GB3095—1996）二级年均标准值 $100\mu g/m^3$，各地市已出现大量超标现象。而根据更严格的《环境空气质量标准》（GB3095—2012）二级年均标准值 $70\mu g/m^3$，"十二五"期间，2011、2012 和 2014 年，我省 16 地市中只有黄山、池州、宣城和六安 4 个城市空气质量达到国家环境空气质量二级标准，2013 年仅有黄山市可吸入颗粒物年均浓度达到《环境空气质量标准》（GB3095—2012）二级标准，全省 PM10 年均浓度呈现上升趋势，尤其是 2013 年开始，年均浓度增幅较大。2014 年较上年同期有所缓解，但形势仍然非常严峻。

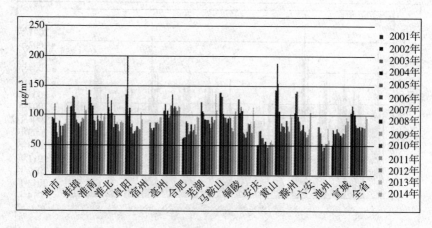

图 4-3　2001—2014 年安徽省省平均及各地市 PM10 年日均浓度

（四）细颗粒物（PM2.5）

1. PM2.5 现状浓度

随 PM2.5 污染问题日趋严重，将 PM2.5 纳入常规监测范围已成为全省在各市逐步开展的目标。2013 年合肥市、2014 年芜湖市及马鞍山市已将 PM2.5 纳入常规监测范围。

已有的 PM2.5 监测结果显示，合肥市 2013 年 PM2.5 年均值

$89.35\mu g/m^3$，日均值浓度在 $16\sim373\mu g/m^3$ 之间，2014 年年均值 $81.77\mu g/m^3$，日均值浓度在 $12\sim366\mu g/m^3$ 之间；芜湖市 2014 年 PM2.5 年均值 $67.01\mu g/m^3$，日均值浓度在 $14\sim329\mu g/m^3$ 之间；马鞍山 2014 年年均值 $67.51\mu g/m^3$，日均值浓度在 $12\sim296\mu g/m^3$ 之间。合肥、芜湖及马鞍山的 PM2.5 年均值远高于《环境空气质量标准》（GB3095—2012）中 PM2.5 二级年均标准值 $35\mu g/m^3$，其中，合肥市的空气污染极为严重，2013 年 PM2.5 超标率达到 48.2%，2014 年达到 46.3%；芜湖与马鞍山的 PM2.5 污染情况相比合肥较轻，但超标率也接近 30%。PM2.5 污染已经成为安徽省各城市最需关注与解决的污染问题。

空气质量二级标准中 PM2.5 的日均浓度限值为 $75\mu g/m^3$，PM10 浓度限制为 $150\mu g/m^3$。图 4-4 为合肥 2013、2014 年 PM10 与 PM2.5 年日均浓度变化曲线图，图 4-5 为芜湖与马鞍山 2014 年的 PM10 与 PM2.5 年日均浓度变化曲线图，由图可以看出 2013 和 2014 年合肥市 PM2.5 与 PM10 超标现象极为严重，曲线变化规律基本一致。合肥市的颗粒物浓度一年中有三个高值阶段，分别为 1—2 月，5 月中旬—6 月中旬，10 月底到年末；相较合肥市，芜湖市和马鞍山市 PM2.5 污染情况较轻，峰值出现在 1 月份和 6 月份。其中，冬季颗粒物浓度高主要是受不利扩散天气影响，而在 5—6 月的高浓度，主要受秸秆焚烧影响。

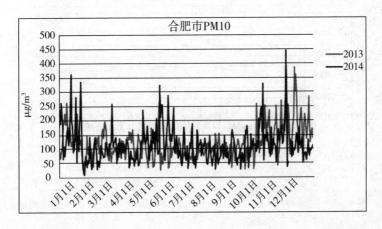

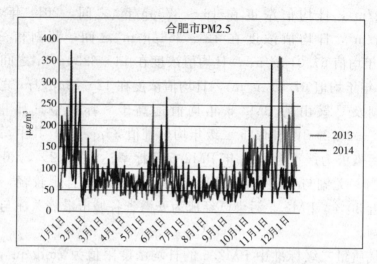

图 4-4　合肥市 2013、2014 年 PM2.5 和 PM10 日均浓度变化曲线图

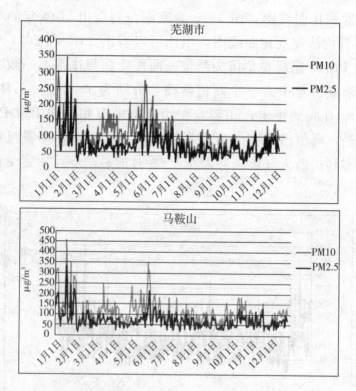

图 4-5　芜湖与马鞍山 2014 年 PM2.5 和 PM10 日均浓度变化曲线图

2. PM2.5与秸秆焚烧

根据中国气象局国家卫星气象中心公布的结果，2013年6月2—9日期间利用风云三号等气象卫星共监测到河南、安徽、湖北等省的焚烧作物秸秆火点638（不包括云覆盖下的火点信息），其中安徽省352个，涉及11个地区28个县（如图4-6所示）。另外，从2009—2013年历史同期统计结果看（如图4-7所示），安徽也是监测到秸秆焚烧火点较多的省份。焚烧秸秆时，大气中二氧化硫、二氧化氮、可吸入颗粒物三项污染指数达到高峰值，其中二氧化硫的浓度比平时高出1倍，二氧化氮、可吸入颗粒物的浓度比平时高出3倍。因此，秸秆焚烧是5—6月份PM2.5污染较为严重的原因。

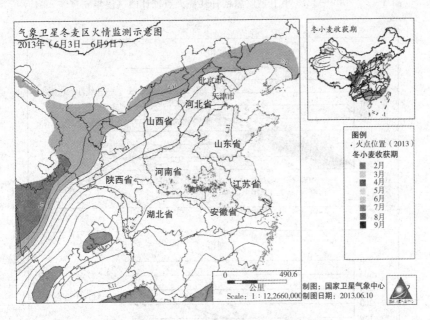

图4-6　气象卫星冬麦区火情监测示意图（2013年6月3—9日）

3. PM2.5与PM10相关性

图4-8为合肥、芜湖和马鞍山PM2.5、PM10日均浓度相关性图，从图中可以看出，PM2.5与PM10日均浓度具有较高的相关性，合肥市PM2.5与PM10日均浓度相关性为0.664，芜湖市为0.824，马鞍山市为0.818，说明PM2.5与PM10日均浓度具有相同的变化规律。

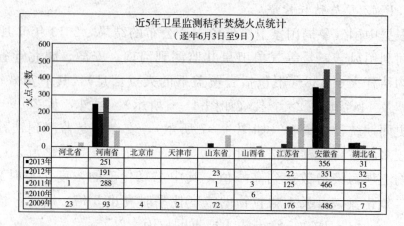

图 4 - 7　2009—2013 年卫星监测秸秆焚烧火点统计图（逐年 6 月 3—9 日）

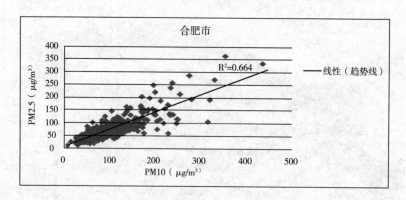

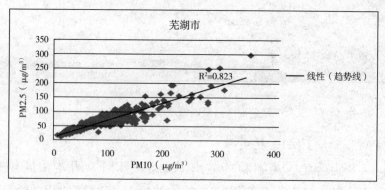

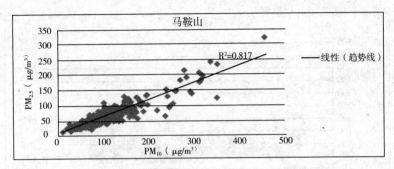

图 4-8 合肥、芜湖和马鞍山 PM2.5、PM10 日均浓度相关性图

PM2.5 与 PM10 日均浓度相关性（图 4-8）以及 PM2.5 与 PM10 日均浓度变化趋势（图 4-9），表明合肥、芜湖马鞍山三市 PM2.5 与 PM10 存在明显相关性。2013 年 12 月至 2014 年 2 月的冬季期间，PM2.5 与 PM10 的比值平均为 78％，这表明在空气污染较为严重的冬季，合肥市的颗粒物主要以细颗粒物为主，属于复合型污染。芜湖市和马鞍山市 2014 年 PM2.5/PM10 的平均值分别为 72％和 64％，这也表明，这两个城市颗粒物也是以细颗粒物为主，属复合型污染。

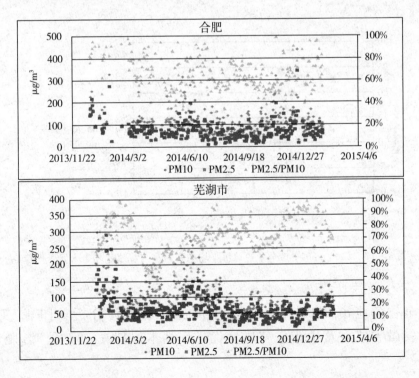

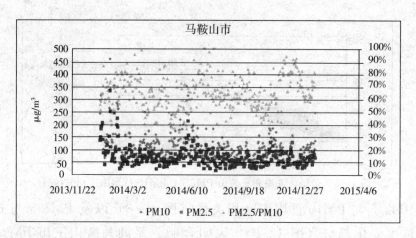

图 4-9　2014 年合肥、芜湖和马鞍山 PM2.5 与 PM10 年日均浓度及占比图

(五) 酸雨

从图 4-10 以及图 4-11 可以看出，2006—2014 年全省平均酸雨频率整体呈下降趋势，全省降水年平均 pH 值逐年上升，2014 年降水平均 pH 值已经达到 5.75，"十二五"期间，酸雨污染有了较大的改善。

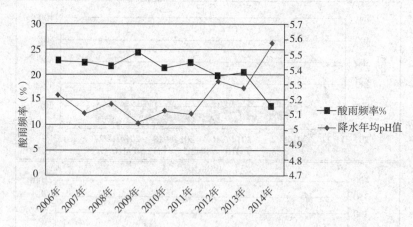

图 4-10　2006—2014 年全省各地市平均酸雨频率与降水平均 pH 值变化趋势

(六) 优良天数

全省各地市 2005 年—2014 年优良天数统计分析如图 4-12 所示。安徽省仅有黄山市空气质量优良率基本保持在 100%。合肥市中

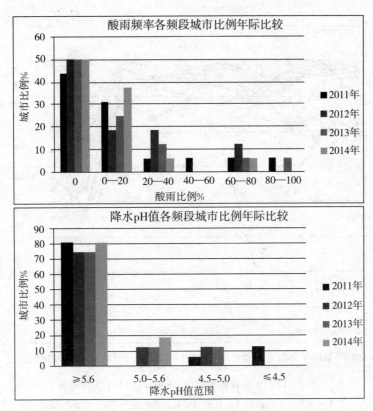

图 4-11 全省降水 pH 值和酸雨频率各频段城市比例比较图

期质量总体而言明显差于其他城市，低于全省的平均水平，空气污染情况严重。全省方面，2013 年安徽省空气质量优良率为 2012 年全省各市优良天数均明显下降，省平均优良天数相比 2012 年减少了 37 天，大气环境质量明显下降，2014 年优良天数为 320 天，仅比上一年度多 4 天。而采用新标准（《环境空气质量标准》（GB3095—2012））评价后，安徽省各市能够达标的优良天数将会大幅度降低，如采用老标准评价，合肥市 2014 年的环境空气质量优良天数比例为 80.4%，首要污染物为可吸入颗粒物。采用新标准评价后，空气质量优良天数比例下降到 47.2%，下降了 33.2 个百分点，首要污染物变为细颗粒物。新标准更反映出目前安徽省空气污染情况的严峻形势。

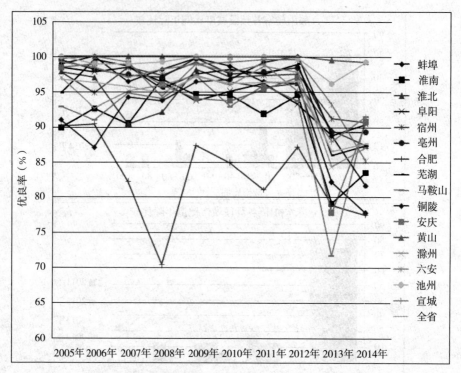

图 4-12　安徽省各地市 2005 年—2014 年优良天数

（注：优良天数情况按《环境空气质量标准》（GB3095—1996）统计）

二、大气污染物排放状况及演变趋势

（一）大气污染物排放现状

1. 空间分布特征

2014 年，安徽省全省三种主要大气污染物二氧化硫、氮氧化物和烟（粉）尘的排放量分别为 49.3 万吨、80.73 万吨和 65.28 万吨。2014 年安徽省各地市 SO_2、NO_x 和烟粉尘排放量情况如图 4-13 所示。淮南市、马鞍山市和淮北市二氧化硫排放量在全省排名中位居前三名，分别占全省排放量的 13.50％、13.34％和 10.13％；马鞍山市、淮南市和芜湖市氮氧化物排放量在全省排名中位居前三名，分别占全省的排放量的 16.70％、14.22％和 11.69％；烟（粉）尘排放量居前三的合肥市、马鞍山市和芜湖市分别占全省的排放量的 18.16％、17.22％和 10.02％。

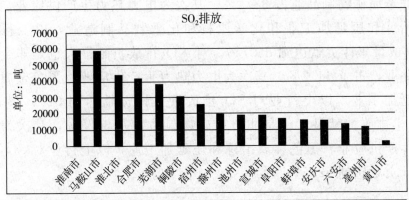

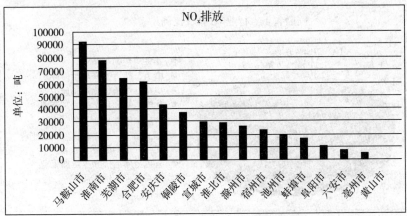

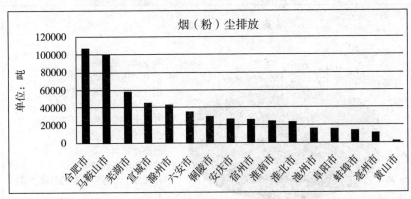

图 4 - 13　2014 年安徽省各地市 SO_2、NO_x 和烟粉尘排放量（吨）

2. 行业排放特征

　　根据 2014 年安徽省环境统计年报数据对不同行业大气污染物排放情况进行统计分析，结果如图 4 - 14 所示。对 SO_2 排放贡献最大的主要是非金属矿物制品业占 38.5%，其次为电力热力生产供应业、黑色金属冶炼和压延加工业和化学原料和化学制品制造业，以上行业对 SO_2 排放量累计贡献达到 85.7%。对 NO_x 排放贡献最大也是非金属矿物制品业，占了 44.2%，其次为电力热力生产供应业、黑色金属冶炼和压延加工业，以上行业对 SO_2 排放量累计贡献达到 92.3%。对烟（粉）尘排放贡献最大仍是非金属矿物制品业占 37.2%，其次为电力热力生产供应业、黑色金属冶炼和压延加工业，以上行业对 SO_2 排放量累计贡献达到 82.5%。

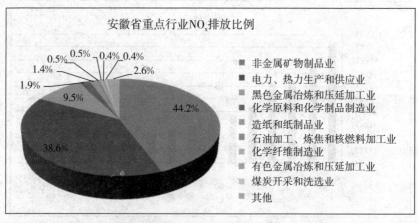

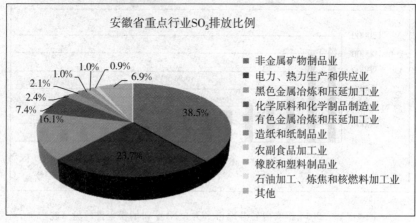

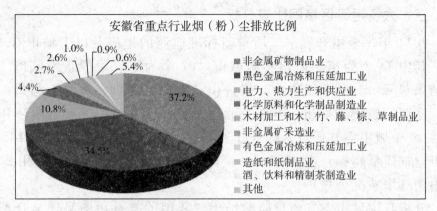

图 4-14 安徽省重点行业 SO_2、NO_x 和烟粉尘排放贡献比例

（二）大气污染物排放演变趋势

2005—2014 年安徽省 SO_2、NO_x 以及烟粉尘排放量变化情况如图 4-15 所示。2005—2014 年期间，安徽省 SO_2 排放量呈现逐年下降的趋势，可以看出"十一五"以来，各地开展了大力度的 SO_2 总量减排，已取得了显著成效。NO_x 排放方面，自 2011 年后 NO_x 排放量稍有减少，但"十二五"期间比 2010 年前均有大幅度增加，这与 NO_x 统计口径有关，也与机动车保有量增加有关，因此安徽省 NO_x 的控制将是十分艰巨的任务。烟粉尘排放方面，虽然 2005—2013 年烟粉尘排放量逐年降低，但 2014 年烟粉尘排放量大幅度增加。烟粉尘作为细颗粒物的一次污染源，对区域细颗粒物环境浓度有较大贡献，因此，必须继续加强对烟粉尘尤其是烟粉尘中细颗粒物的控制。

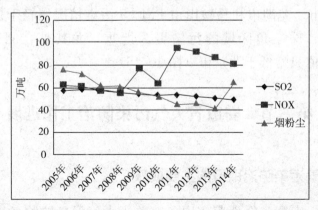

图 4-15 2005 年—2014 年安徽省 SO_2、NO_x 以及烟粉尘排放趋势

三、大气污染区域间比较分析

2014 年，全国开展空气质量新标准监测的地级及以上城市有 161 个，其中 74 个为第一阶段实施城市，87 个为第二阶段新增城市。监测结果显示，161 个城市中，仅舟山、福州、深圳、珠海、惠州、海口、昆明、拉萨、泉州、湛江、汕尾、云浮、北海、三亚、曲靖和玉溪共 16 个城市空气质量达标（好于国家二级标准），占 9.9%；145 个城市空气质量超标，占 90.1%。全国空气污染形势严峻。（引用 2014 年中国环境状况公报）

分析我国城市空气质量监测结果，我国的空气污染呈现复合型特征。74 个城市首要污染物是 PM2.5，其次是 PM10、O_3 和 NO_2 也有不同程度超标情况。74 个城市空气质量呈现传统煤烟型污染、汽车尾气污染与二次污染物相互叠加的复合型污染特征，说明燃煤、机动车对空气污染贡献较大。

京津冀、长三角、珠三角区域空气污染相对较重。尤以京津冀区域污染最重，有 7 个城市排在空气质量相对较差的前 10 位。京津冀区域城市 PM2.5 超标倍数在 0.14～3.6 倍之间，长三角区域城市 PM2.5 超标倍数在 0.4～1.3 倍之间（舟山市不超标），珠三角区域城市 PM2.5 超标倍数在 0.09～0.54 倍之间。说明国家将京津冀、长三角、珠三角区域作为大气污染防治重点区域的决策是正确的。从监测结果来看，京津冀区域空气质量与达标目标尚有较大差距，长三角区域空气质量达标有相当的难度，珠三角区域空气质量达标具有较大希望。安徽省已开展 PM2.5 监测的合肥市、芜湖市和马鞍山市 PM2.5 污染情况稍轻于京津冀地区，但较长三角、珠三角区域的污染更为严重，尤其是合肥市，2014 年 PM2.5 年均值只略低于北京市（图 4-16）。

第三节　安徽省大气污染防治工作进展

一、大气污染防治取得的主要成效

近年来，安徽省全面落实国务院关于大气污染防治各项决策部署，

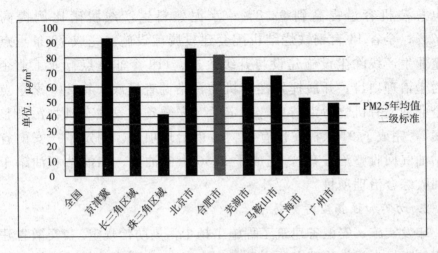

图 4-16 2014 年不同区域和城市 PM2.5 浓度年均值

加快推进各个领域大气污染治理，明确整治任务，强化整治措施，严格考核奖惩，大气污染防治工作取得了积极进展。

（一）环境空气质量有效改善

2015 年，在省委、省政府的坚强领导下，在全省上下坚持求真务实，攻坚克难，多措并举，科学施策，强力推进大气污染防治工作。通过全省上下艰苦努力，2015 年我省 PM10 年均浓度为 $80\mu g/m^3$，比 2014 年下降 15.8%，比省政府下达控制目标（$87\mu g/m^3$）低 8.04%，在全国同类省份降幅排名第一，超额完成年度大气环境质量改善目标任务，环境空气质量得到持续改善。16 个市均超额完成 PM10 平均浓度控制目标。2014 年，全省二氧化硫排放总量为 49.30 万吨，比 2013 年下降 1.67%。氮氧化物排放总量为 80.73 万吨，比 2013 年下降 6.53%。全省 PM10 年均浓度为 $95\mu g/m^3$，比 2013 年下降 4%；全省城市空气质量平均优良天数比例为 88.1%，比 2013 年提高 1.5 个百分点。PM10 浓度总体呈下降趋势，环境空气质量持续改善。

（二）城市大气环境综合整治不断加强

1. 深入开展工业污染治理

加快煤电、水泥、钢铁等行业重点企业脱硫脱硝和除尘设施建设。2014 年，全省新建成火电机组脱硝设施 29 台，脱硝机组装机容量占火电总装机容量提高到 92.3％；水泥熟料生产线脱硝比例提高到81.7％；全省 14 台钢铁烧结机配套建设脱硫设施。完成 79 条重点行业企业生产线除尘设施建设与升级改造、119 个非重点行业工业企业烟粉尘治理项目。开展挥发性有机物污染调查摸底，将 243 家重点治理企业纳入有机物污染清单，制定了《安徽省挥发性有机物污染整治方案》，完成了 91 家挥发性有机物污染治理项目。制定了《安徽省加油站油气回收整治方案》，完成了 2230 个储油库、加油站和油罐车油气回收综合治理项目。

2. 切实加强扬尘污染防治

印发实施《安徽省建筑工程施工扬尘污染防治规定》《安徽省建筑工程施工扬尘污染治理专项行动工作方案》《安徽省建筑工程施工扬尘防治导则（试行)》等，强化扬尘污染防治责任，严格实行网格化管理，落实封闭围挡、道路硬化、材料堆放遮盖、进出车辆冲洗、工程立面围护等控尘抑尘措施。2014 年，全省共完成 4500 多个建筑工地、487 家混凝土搅拌站、792 家非煤矿山企业、122 个港口码头扬尘整治。严格控制道路扬尘污染。加强城市道路扬尘治理，实施吸尘、洒水、清扫一体化作业，全省城市道路机械化保洁率达 77.6％。加强渣土运输车辆扬尘污染管控，严格实施密闭运输、冲洗保洁措施，加快新型智能环保渣土运输车更换进度，对渣土运输车辆实行全程实时监控。

3. 强化秸秆禁烧

省政府将秸秆禁烧工作纳入大气污染防治行动计划实施情况考核内容，制定《2014 年全省秸秆禁烧工作方案》，省财政及时下拨 11.4亿元奖补资金，各级财政对小麦、油菜、玉米秸秆禁烧和综合利用每亩奖补 20 元，对水稻每亩奖补 10 元。省领导多次深入一线，检查指导、明察暗访秸秆禁烧工作。省环保、农业等部门对各地实行不间断巡查督查，禁烧期间在省内主流媒体上每日公布各地火点数。各级党委、政府齐抓共管、真抓实干，乡村干部日夜辛劳、加班加点，实行全天候驻守、巡查和值班，第一时间发现和制止焚烧行为。根据环保部监测结果，2014 年，安徽省夏秋两季秸秆焚烧火点总数 722 个，比

2013 年下降 69％。2015 年夏季全省秸秆焚烧火点数 32 个，较 2014 年同期下降 95％，全省 16 个地级市中，有 14 个市实现夏季秸秆焚烧零火点，取得了历史性突破。

4. 强化机动车污染防治

大力开展黄标车淘汰工作。印发实施《安徽省加快黄标车及老旧车辆淘汰工作方案》，严把机动车注册、检验和营运关，按照"先易后难、先公后私、先城后乡、先小后大、宜改则改、疏堵结合"的原则，加快黄标车和老旧车淘汰，并自 2014 年起连续 4 年安排省级专项资金约 8 亿元，对提前淘汰 2017 年底尚未达到强制报废年限的黄标车实施奖补，其中 2014 年下达奖补资金 1.767 亿元。2014 年共淘汰黄标车和老旧车 29.7 万辆，超额完成国家下达的 25.8 万辆黄标车和老旧车淘汰任务。2015 年，全面淘汰 2005 年底前注册营运的黄标车，全省共淘汰黄标车 12.78 万辆，其中 2005 年底前注册营运的黄标车 63383 辆，提前超额完成环保部下达年度任务。强化机动车环保标志管理。颁布实施《安徽省机动车排气污染防治办法》（省政府令 254 号）。严格落实《机动车环保合格标志管理规定》，设立了覆盖全省的环保标志核发点，发标信息实现市、省、国家联网，实现机动车环检、环保标志核发、黄标车区域限行措施"三个全覆盖"。严格核发新购置机动车环保检验合格标志，禁止达不到国四以上排放标准的车辆注册登记。加强机动车环保监管能力建设。建成省级机动车排污监控平台，各市均成立了机动车排污监管中心。不断加大资金投入，配备遥感监测车、五气分析仪等仪器设备，保障日常监管需要。推进城市步行和自行车交通系统建设。省政府办公厅印发《关于大力倡导低碳绿色出行的指导意见》，通过优先发展公共交通，采用新能源、清洁燃料公交车辆，推进步行和自行车交通系统、城市绿道建设，有效减少机动车排气污染。

5. 淘汰改造燃煤小锅炉

印发实施《安徽省 2014—2015 年节能减排低碳发展行动方案》《燃煤小锅炉污染整治工作方案》，通过关闭拆除、煤改气、改电、改热水配送等方式，加快淘汰每小时 10 蒸吨以下的燃煤锅炉或实施清洁能源替代。对不能稳定达标排放的每小时 10 蒸吨以上各类燃煤小锅炉，通过改造升级治理设施，确保稳定达标排放。2014 年共淘汰燃煤小锅炉 2797 台，超额完成国家下达的 2400 台淘汰任务。严格新建燃煤锅炉准入。全年批准新建每小时 20 蒸吨及以上锅炉 5 台，未批准新建每小时 10 蒸吨及以下锅炉。

二、大气污染防治主要工作措施

（一）坚持高位推动

省委常委会工作要点、省政府工作报告都将大气污染防治列为重要内容，省委全面深化改革领导小组将"建立省级大气污染防治财政保障机制"列为年度重点改革任务。省人代会审议通过《安徽省大气污染防治条例》，于 3 月 1 日正式施行；省人大常委会、省政府联合召开宣传贯彻动员会议，部署深入宣传实施《条例》，依法开展大气污染防治工作。省委、省政府联合印发《加快调结构转方式促升级行动计划》，大力推动绿色低碳发展，为加强大气污染防治创造了良好条件。省政府召开省大气污染防治联席会议，研究确定工作计划和部门分工，下达各地和各有关部门贯彻执行。

（二）强化目标责任

本着自我加压、倒排任务的原则，省政府下达 2015 年全省及各市 PM10 平均浓度控制目标，省环保厅每周一调度，省政府每月一调度，对空气质量不达标、重点治理任务进展慢的市，逐市列出问题清单，限期整改到位。每月在安徽日报等主流媒体、网站上公布各市环境空气质量排名。省政府规定，上半年、前三季度、全年完不成 PM10 控制任务的市，分管市长、市长、市委书记分别接受安徽电视台采访，向全省人民说明原因，加大舆论监督压力。

（三）部门通力合作

省直各部门围绕牵头和配合事项，切实履行职责。住建部门狠抓建筑施工扬尘整治，发改、经信、能源等部门大力调整产业和能源结构，公安、交通、商务部门积极做好黄标车和老旧车辆淘汰及拆解工作，财政部门切实加大大气污染防治投入，农业部门积极做好秸秆利用工作，科技、气象等部门认真做好大气污染监测预警技术保障工作。各相关部门各司其职、各负其责、齐抓共管，合力推进大气污染防治工作。

（四）突出重点领域

加强工业污染防治，全省 222 个重点行业大气污染限期治理项目已基本建成；火电、水泥行业脱硝比例由 2012 年底的 37％和 8.2％，均提高到目前的 100％。加快燃煤锅炉淘汰改造，2014 年以来全省累计淘汰燃煤锅炉 5803 台，共计 7340.4 蒸吨，已提前超额完成国家下达两年 6000 蒸吨淘汰任务。狠抓秸秆禁烧，根据环保部卫星监测结果，2015 年夏、秋两季全省秸秆焚烧火点数分别为 32 个和 7 个，比 2014 年同期下降 95％和 91％；全省 16 个市中，14 个市实现夏季零火点，12 个市实现秋季零火点，取得了历史性突破。继续严格实行网格化管理，深入开展建筑工地、道路扬尘、非煤矿山、混凝土搅拌站、餐饮油烟综合整治。

（五）增强执法监管力度

在大力推进各项治理工作的同时，安徽省始终把强化环境执法监管作为维护空气质量的有力保障，每年组织开展环保专项行动、行政执法后督察、重点行业环境污染隐患排查整治等多项执法活动，及时查处环境违法企业，对企业环境违法案件实施挂牌督办，加大处罚力度。2014 年，全省组织开展了环保专项行动、行政执法后督察、重点行业环境污染隐患排查整治等执法活动，出动环境执法人员 21.06 万人次，检查企业 76982 家次，查处环境违法企业 2798 家次，对马钢（合肥）有限责任公司等 77 起环境违法案件实施挂牌督办，责令 665 家企业停产整改、613 家企业停业关闭，立案处罚 652 起，共处罚金 2091.19 万元。省环保厅、财政厅联合印发《安徽省环境违法行为有奖举报暂行规定》，鼓励公众监督举报企业和个人环境违法行为。严格执行新修订的《环保法》，采取按日计罚、限制生产、停产整顿等综合手段，重拳打击违法排污行为。新《环保法》施行以来，我省实施按日连续处罚案件 5 起，罚款 743.21 万元；实施查封、扣押 126 起；实施限产、停产企业 167 家；向公安部门移送案件 79 起（其中行政拘留 60 起、涉嫌环境污染犯罪 19 起）。同时，进一步加大财政支持力度，下达大气污染防治综合补助和黄标车提前淘汰省级奖补资金 4.45 亿元；下达省级秸秆禁烧奖补资金 11.18 亿元，带动各地投入奖补资金共 16.45 亿元。积极落实秸秆发电财政奖补政策，安排全省 16 座秸秆电厂奖补资金 6000 万元。

（六）加大产业结构调整力度

控制严重过剩行业产能。严把建设项目环保准入关，坚决做到"六个一律不批"。2014 年，全省共淘汰落后产能项目 387 个，其中，淘汰炼铁产能 210 万吨、炼钢产能 224 万吨、焦化产能 30 万吨、水泥产能 240 万吨、铅酸蓄电池产能 20 万千伏安时、制革产能 25 万标张，提前一年完成"十二五"落后产能淘汰任务。加快重污染企业环保搬迁。实施城市主城区重污染企业环保搬迁项目 33 个，2014 年完成搬迁 27 个。

（七）密切区域合作

积极融入和构建长三角区域大气污染防治协作工作运行机制，落实各项联防联控措施。推进信息、科技、应急、法规、执法等联动机制建设。成立青奥会环境质量保障工作领导小组，召开专题推进会，分片开展巡查督查，并与江苏省政府积极会商协作，有效落实各项保障措施。合肥、蚌埠、滁州、马鞍山、芜湖、宣城等市切实加强环境监管，严格落实临时管控措施，圆满完成了南京青奥会及国家公祭日环境质量保障工作。开展大气污染防治技术合作，完成区域空气质量预测预报体系中心一期项目建设，二期项目建设正加快启动。搭建联合攻关平台，完成机动车、船等区域大气重点问题前瞻性研究。成功承办长三角区域大气污染防治协作小组第三次会议和协作小组办公室主任第五次会议。全面开展区域重大活动空气质量保障联动工作，落实各项联防联控措施，限产、停产、停工一批工业和建筑施工企业。有力地保障了南京公祭日、世界互联网大会等重大活动的成功举办，得到了环保部和兄弟省份的充分肯定。

三、大气污染防治面临的问题与形势

（一）面临的主要环境问题

"十二五"期间，围绕《安徽省大气污染防治行动计划实施方案》，我省把工业企业、城市扬尘、燃煤小锅炉、秸秆禁烧、机动车尾气、矿山环境等作为大气污染防治的重点领域，分别制定治理方案，加快推进实施，全面开展了大气污染防治工作。但总体来说，我省大气环境质量形势依然严峻。随着经济的迅速发展，能源消费总量急剧攀升，新型大气污染问题逐年凸现，主要表现在以下几个方面：

1. 全省城市中仅有个别省市环境质量满足标准要求

按照《环境空气质量标准》（GB3095—2012）要求，2011、2012和2014年，我省16地市中只有黄山、池州、宣城和六安4个城市空气质量达到国家环境空气质量二级标准，2013年仅有黄山市可吸入颗粒物年均浓度达到《环境空气质量标准》（GB3095—2012）二级标准，全省PM10年均浓度呈现上升趋势，年均浓度增幅较大。2014年较上年同期有所缓解，但形势仍然非常严峻。因此各地市环境空气质量达标亟须解决。

2. 灰霾污染日益突出

以细颗粒物污染的天气频发，合肥、芜湖及马鞍山的PM2.5年均值远高于《环境空气质量标准》（GB3095—2012）中PM2.5二级年均标准值为$35\mu g/m^3$，其中，合肥市的空气污染极为严重，2013年PM2.5超标率达到48.2%，2014年达到46.3%；芜湖与马鞍山的PM2.5污染情况相比合肥较轻，但超标率也接近30%。PM2.5污染已经成为各城市最需关注与解决的污染问题。

3. 秸秆燃烧对环境污染的影响依然存在

省政府在全省范围内部署实施秸秆禁烧工作，积极推进秸秆综合利用，强化了秸秆禁烧考核奖惩，秸秆禁烧取得了一定成效，但农作物成熟季节，秸秆焚烧现象依旧存在，对环境质量仍有影响。

（二）面临的环境压力

"十三五"是全省调结构、促转型的关键时期，这一时期环境的压力主要表现为：

1. 经济发展带来的环境压力

"十三五"是我省经济发展的快速时期，大气污染治理的力度、进度赶不上经济发展的速度和污染物排放增长的速度。

2. 产业结构和布局不尽合理

"十二五"期间，我省第二产业比重继续下降，第三产业比重不断增加，2014年三次产业结构为11.5：53.7：34.8，但与发达省份相比，如江苏省2014年第三产业占比47.7%，我省第三产业比重仍显较低。2014年，我省重污染行业在工业中占的比重较高，此外，全省工业结构门类繁杂。

3. 能源消费总量持续攀升

我省近来能源消费总量一直持续增长，2010—2012年能源生产总量逐年增加，2013年同比减少；其中能源生产总量2013年比2012年降低了7.2%，能源消费总量2013年比2012年增长12.27%（图4-17）。

我省能源消费结构仍以煤炭为主，2013年煤品、油品燃料占一次能源消费总量的比例过高，分别达到78.83%（包括皖电东送用煤达到93%）和14.23%，而天然气仅占全省一次能源消费总量的3.07%，非化石能源及其他能源占3.87%（如图4-18所示，能源消费中以工业消费占主导地位，2013年工业能源消费量占能源消费总量的80.3%，在所有行业中电力、热力生产和供应业原煤消费量占总原煤消费量的近一半（46.8%），目前，全省燃煤火电机组3726万千瓦（包含皖电东送机组1022万千瓦），占全省电力装机容量的87%；在建火电机组398万千瓦（包含皖电东送332万千瓦）；"十三五"期间，我省电力装机容量将增加150万千瓦。随着这一批高耗能项目的建成投产，煤炭消费总量还将持续增加，燃煤型工业污染物排放量仍将居高不下，给大气环境质量改善带来巨大压力。

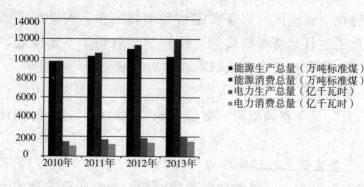

图4-17 我省能源生产和消费总量及电力生产和消费量

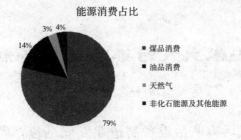

图 4-18　我省能源消费构成图

4. 机动车保有量继续增加

初步分析，机动车保有量持续增加，机动车尾气污染的形势将变得更加严峻，尤其是黄标车排放的污染物不容乐观。

2011 年，全省机动车保有量为 74.18 万辆，2012 年增长了 8.21%，达到 80.28 万辆，2013 年总量有所降低，为 76.15 万辆，2014 年由于小型汽车数量增加较多，机动车总量达到 82.57 万辆，较上一年度增长了 8.4%。随着机动车保有量的增加，降低总颗粒物以及氮氧化物排量的压力也日益增大。

第五章　安徽大气污染防治设备制造业分析

近年来，大气污染防治设备制造业发展迅速，俨然已成为我国设备制造业中发展速度最快的行业之一，该行业的发展对防治环境污染、改善生态环境、促进资源优化配置、确保资源永续利用以及环境与社会和谐发展意义重大，并已逐步成为我国国民经济结构中重要的组成部分和新的增长点[1]。对此，本章将从全国和安徽省两个考察角度对大气污染防治设备制造业的基本情况进行分析。

第一节　全国大气污染防治设备制造业基本状况分析

随着近年来国家在基础设施方面的建设与投资的不断加大，冶金、电力和建材等基础型行业发展快速，大气污染防治设备制造业作为这些基础型行业为实现"清洁生产，循环经济"目标的重要配套行业，市场需求日益扩大[2]，同时，随着国家环保新政的不断出台和环保要求的不断提高，各行业企业纷纷加大对环境保护基础设施的建设与投资，进一步带动了大气污染防治设备制造业的市场需求和产业发展。

根据国家统计局和中国产业信息网的数据统计，2007年中国大气污染防治设备产量为 3.4681 万台，2008 年中国大气污染防治设备产量为 6.0430 万台，累计同比增长 42.61%；2009 年中国大气污染防治设备产量为 8.0712 万台，累计同比增长 33.56%；2010 年中国大气污染防治设备产量为 8.2086 万台，同比增长 1.703%；2011 年中国大气污染防治设备产量为 8.5999 万台，同比增长 4.7657%；2012 年中国大气污染防治设备产量为 10.71 万台，同比增长 24.58%；2013 年中国大气污染防治设备产量为 8.57 万台，同比下降 19.9889%；2014 年中国大气污染防治设备产量为 30.72 万台，同比增长 258.4597%。2015 年，鉴于数据的可得性，1—10 月累计中国大气污染防治设备产量 29.02853 万台，同比增长 5.31%。2015 年 10 月中国大气污染防治设备产量为 2.94881 万台，同比增长 9.73%①。相关数据如图 5-1 和图 5-2 所示。

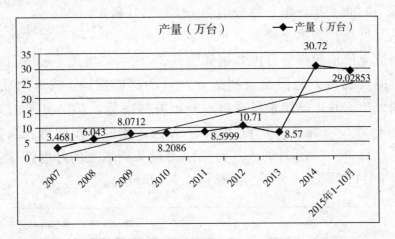

图 5-1　2007—2015 年前 10 月累计的中国大气污染防治设备制造业产量

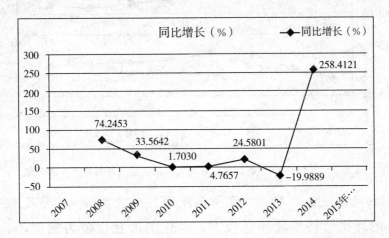

图 5-2　2007—2015 年前 10 个月累计的中国大气污染防治设备制造业同比增长

由图 5-1 和图 5-2 可以看出，自 2007 年以来，中国大气污染防治设备制造业产量基本上呈现出不断上升的趋势，尤其是 2014 年，大气污染防治设备制造业产量提升迅速。2015 年 1—10 月的产量已接近

① 数据来源：中国产业信息网，数据网址：http://www.chyxx.com/data/201511/361024.html.

2014 年的年度总额，按此势头，完全可超出 2014 年的总产量。从同比增长率上来看，除 2013 年增长率为负（为－19.9889％），其他年份的同比增长率都为正，且 2014 年的增长率最大（258.4597％），其次是 2008 和 2009 年，增长率分别为 74.2453％和 33.5642％。

从月度统计数据上来看，采集到 2014 和 2015 两年大气污染防治设备制造业产量的部分月度数据如图 5-3 所示。由图 5-3 可以看出，近两年的大气污染防治设备制造业产量的趋势雷同，自 3 月份以来，一直到该年 6 月，其产量呈现出不断上升的态势，2014 年 6 月产量为 3.08 万台，2015 年 6 月产量为 3.44 万台，此后逐步回落。从数量上来说，2015 年 3—10 月的大气污染防治设备制造业的月度产量基本上均高于 2014 年同月（5 月产量都是 2.98 万台）[①]。

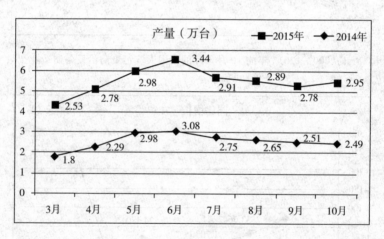

图 5-3　2014—2015 年 3—10 月大气污染防治设备制造业月度产量

2014—2015 两年 4—10 月的环比增长率如图 5-4 所示。2014 和 2015 年的环比增长率波动都较大，变化的形状也较为相似，4 月和 5 月环比增长率较高，此后迅速回落，且存在环比增长率为负的情况——2014 年环比增长率为负的月份是 7、8、9 和 10 月，2015 年环比增长率为负的是 7、8 和 9 月[②]。

① 数据来源：中国产业信息网，数据网址：http://www.chyxx.com/data/201511/361024.html.
② 数据来源：中国产业信息网，数据网址：http://www.chyxx.com/data/201511/361024.html.

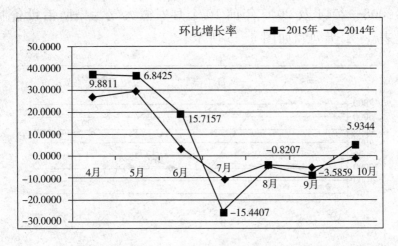

图 5-4　2014—2015 年 4—10 月大气污染防治设备制造业月度环比增长率

第二节　安徽省大气污染防治设备制造业基本状况分析

为贯彻落实《国务院关于印发大气污染防治行动计划的通知》（国发〔2013〕37 号）精神，切实加强大气污染防治，努力改善空气质量，保障人们身体健康，安徽省 2013 年 12 月 30 日发布了《安徽省大气污染防治行动计划实施方案》[①]，该方案就安徽省大气污染的总体目标、主要任务和保障机制方面进行了明确的阐释，并下达了 2017 年各市大气污染防治的具体目标任务。随着社会经济发展、市场需求和对大气污染防治力度的不断加大[3]，安徽省大气污染防治设备制造业发展持续取得突破。本部分将从安徽省产业发展的总体规模、与其他省份的比较以及子行业发展这三个方面来对进行发展现状分析。

一、行业总体规模

从行业生产总量方面来考察安徽大气污染防治设备制造业的总体

---

① 省政府办公厅. 安徽省人民政府关于印发安徽省大气污染防治行动计划实施方案的通知，http://www.ah.gov.cn/UserData/DocHtml/1/2014/1/10/8754392342677.html，2014 年 1 月 10 日。

规模。2008—2014 及 2015 年前 10 个月安徽大气污染防治设备制造业产量见表 5-1 所列和如图 5-5 所示。

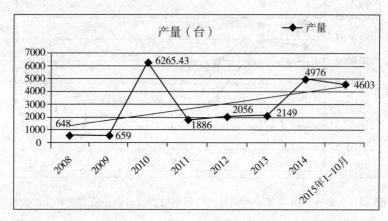

图 5-5　2008—2015 年前 10 个月安徽大气污染防治设备制造业产量

由表 5-1 和图 5-5 可以看出，安徽大气污染防治设备制造业产量基本上呈现出持续上升态势（除 2010 年异军突起，产量超过 6000 台）。从数值上来看，2008 为 648 台，时至 2014 年产量上升到 4976 台，2015 年前 10 个月总产量为 4603 台，安徽大气污染防治设备制造业产量提升迅速。

从安徽大气污染防治设备制造业产量占全国比重（表 5-1 和图 5-6）来看，自 2011 年以来基本稳定在 2%左右，2011 年之前比重波幅较大，2008 和 2009 年比重基本为 1%左右，2010 年比重超过了 7%。

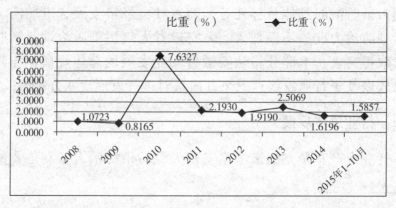

图 5-6　2008—2015 年前 10 个月安徽大气污染防治设备制造业产量占全国比重

表5-1　2008—2015年前10个月全国与安徽大气污染防治设备制造业产量数据

时间	全国	安徽	比重（%）
2008	60429.65	648	1.0723
2009	80712.4	659	0.8165
2010	82086.95	6265.43	7.6327
2011	85999	1886	2.1930
2012	107137.6	2056	1.9190
2013	85722	2149	2.5069
2014	307238	4976	1.6196
2015年1—10月	290285.3	4603	1.5857

数据来源：中国产业信息网。

二、子行业分析

大气污染防治设备制造业的细分行业主要包括四个：脱硫设备行业、脱硝设备行业、除尘设备行业和环境监测的仪器仪表行业。

（一）脱硫设备行业

脱硫设备一般是指用于除去煤等燃烧物质中的硫元素，防治燃烧时产生二氧化硫等硫化物的一系列设备。硫对环境污染比较大，如硫氧化物和硫化氢对大气的污染十分严重，是目前环境保护工作的一个重点。

鉴于数据的可获得性和科学性，采集到2001—2011年长三角两省一市和中部六省的硫设施数见表5-2所列和如图5-7所示。根据环境数据库的指标解释，脱硫设施数是指在治理设施中有专用（或兼用）的脱硫设备（或系统），其脱硫效率要达到40%以上，脱硫后不再释放出二氧化硫。地区脱硫设施套数反映了地区脱硫设备行业的基本规模。

从样本数据可以看出，2001—2011年安徽省脱硫设施总数相对较为稳定，但相对于长三角两省一市和中部其他省份来说，其行业规模数量近年来基本处于下游水平。在考察地区样本期内，山西省脱硫设施数量始终远超其他省市（2011年安徽脱硫设施总数尚不足其1/10），其次是浙江和江苏，江苏省近年来脱硫设施数量提升快速，时至2011年脱硫设施总数已超过2000套。

表5-2 2001—2011年脱硫设施套数　　　　单位：套

时间 地区	2001	2002	2003	2004	2005	2006	2007	2008	2009	2010	2011
上海	223	205	195	215	290	366	438	552	709	620	351
江苏	51	156	167	323	465	719	1078	1395	1635	1625	2022
浙江	1265	1145	1150	1356	1379	1844	1999	2571	2064	2029	1448
山西	1800	1920	1930	2190	2397	2606	2649	3141	3241	3475	2916
安徽	260	338	255	295	304	184	231	343	372	379	264
江西	99	193	213	202	228	262	262	326	312	318	332
河南	327	254	262	275	322	711	774	887	1005	942	964
湖北	178	217	206	214	247	300	280	292	333	351	432
湖南	826	773	799	766	725	691	684	669	655	661	469

数据来源：中国环境数据库。

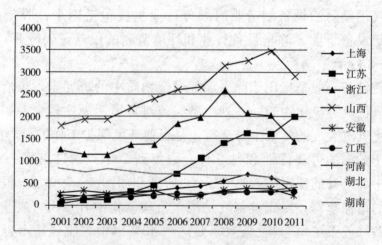

图5-7 2001—2011年安徽等省市的脱硫设施套数

　　地区脱硫设施处理能力反映了该地区大气污染防治中脱硫行业的基本水平[4]。根据中国环境数据库，采集整理2001—2011年安徽等省市脱硫设施处理能力数据见表5-3所列和如图5-8所示。

　　可以看出，2011年考察地区的脱硫设施处理能力提升迅速。相对于长三角来说，安徽2011脱硫设施处理能力领先于上海，落后于江苏和浙江。相对于中部其他省份来说，2011年安徽脱硫设施数量处于下游水平，但其处理能力位居中部第 3，领先于江西、湖北和湖南。

表 5-3　2001—2011 年脱硫设施处理能力　　　单位：吨/时

时间 地区	2001	2002	2003	2004	2005	2006	2007	2008	2009	2010	2011
上海	2574	2308	114	46	176	242	96	556	181	226	6556
江苏	139	65	105	739	171	917	1730	1209	1598	1469	24276
浙江	511	1018	302	166	634	324	795	635	2153	1947	17630
山西	600	588	694	443	1759	3254	1452	292	416	1395	16293
安徽	94	82	66	69	114	85	162	588	297	181	9610
江西	115	80	101	132	137	211	996	223	257	778	4095
河南	43	44	44	53	55	324	735	500	949	1162	14332
湖北	1092	1119	1033	1018	590	749	144	186	171	227	5717
湖南	298	286	574	246	231	73	127	204	456	511	7491

数据来源：中国环境数据库。

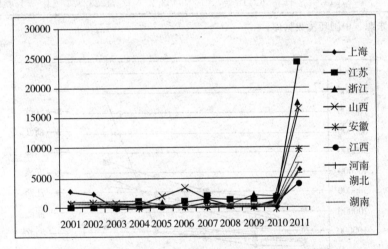

图 5-8　2001—2011 年安徽等省市脱硫设施处理能力

地区脱硫设施运行费用从成本角度反映了该地区脱硫行业的基本效益指标，一般而言，在处理一定污染量情况下，运行费用越高，其效益水平越低。2007—2011 年安徽等省市脱硫设施运行费用见表 5-4所列和如图 5-9 所示。

从费用角度来说，在样本期的考察地区中，湖北省 2011 年脱颖而出，运行费用为 779693 万元。而江苏省和山西省在 2007—2011 年中运行费用始终位于前列。安徽省在 2011 年脱硫设施运行费用仅高于上海、江西和湖南。

表 5-4　2007—2011 年脱硫设施运行费用　　　单位：万元

时间 地区	2007	2008	2009	2010	2011
上海	20730.2	29651.6	70000	104257.3	147895.9
江苏	211682.2	274195.5	300186.2	372567.3	456183
浙江	125825.9	125595.3	218412.8	301777.9	335886.2
山西	116989	214318.5	234883.8	277280.2	370902.2
安徽	40472.2	80262.9	109047.5	129320.5	150938.5
江西	44656.4	60744.1	68133.8	103282.7	127386
河南	112225	189995.6	230641.5	262330.8	247856.4
湖北	97560.5	116723.6	95005.5	128357.2	779693.2
湖南	61014.4	62416	79463.2	102324.7	144492.5

数据来源：中国环境数据库。

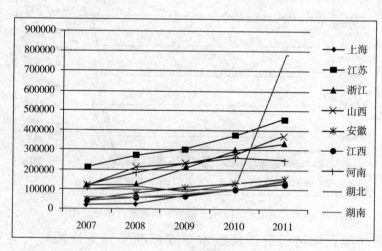

图 5-9　2007—2011 年安徽等省市脱硫设施运行费用

（二）脱硝设备行业

国民经济的持续发展离不开能源的支持。其中以煤炭为代表的诸多燃烧物在其开发和利用过程中带来了一系列的环境污染问题，而燃烧排放的氮氧化物则又是大气污染的元凶之一，该物质达到一定浓度就会对人体健康构成严重威胁和危害——如氮氧化物与空气中的水结合最终会转化成硝酸或硝酸盐，随着降水和降尘从空气中落到地面，破坏生态环境，危害人体健康。对此，大气污染防治中的脱硝主要是脱去废气中的氮氧化物，以起到环境治理和改善的目的。

　　地区脱硝设备行业发展是衡量一个地区大气污染防治的一项重要指标。鉴于数据的可获得性和科学性，采集整理得到 2011 年安徽省等省市脱硝设施数如图 5 - 10 所示。可以看出，2011 年长三角两省一市的脱硝设施数全面高于中部六省，且江苏省脱硝设施数最多（为 61套）。在中部六省中，安徽 2011 年的脱硝设施为 6 套，为中部最低。

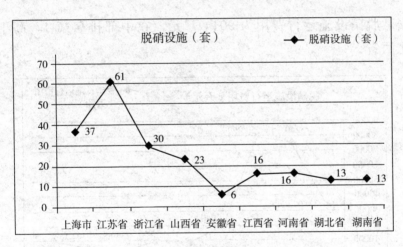

图 5 - 10　2011 年安徽等省市脱硝设施套数

　　从脱硝设施处理能力（如图 5 - 11 所示）方面来看，2011 年长三角的脱硝设施处理能力仍基本上全面高于中部六省（除上海市处理能力略低于山西省），其中浙江省排名第 1（为 4353 吨/时）。在中部六省中，安徽 2011 年脱硝设施处理能力为 781 吨/时，在中部排名第 5，高于湖北省的 359 吨/时。

　　从地区脱硝设施运行费用（如图 5 - 12 所示）方面来看，该指标数据与地区脱硝设施总数雷同，长三角两省一市的运行费用全面高于中部六省，其中浙江省运行费用最高（79506.2 万元）。在中部六省

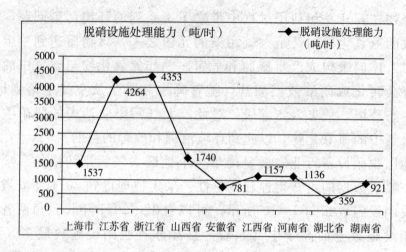

图 5-11　2011年安徽等省市脱硝设施处理能力

中，安徽脱硝设施运行费用为 9014 万元，在中部排名第 4，高于河南和湖北两省。

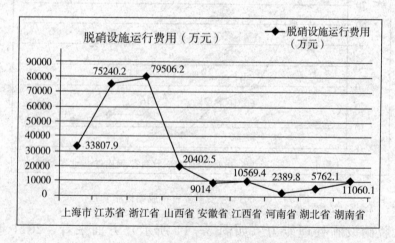

图 5-12　2011年安徽等省市脱硝设施运行费用

（三）除尘设备行业

除尘设备是指把粉尘从烟气中分离出来的设备。目前我国的静电除尘技术已日趋成熟，此外还有生物纳膜抑尘、云雾抑尘、湿式收尘、袋式除尘和电改袋及电袋复合式除尘等技术也发展快速。伴随着除尘技术的不断发展，除尘设备行业发展也日益迅速。

除尘设备行业发展与脱硫脱硝行业一样，都是衡量一个地区大气污染防治的一项重要指标。鉴于数据的可获得性和科学性，采集整理得到 2011 年安徽省等省市除尘设施数如图 5 - 13 所示。可以看出，2011 年安徽除尘设施为 4242 套，高于上海的 2838 套，但低于长三角其他两省（江苏和浙江），在中部六省中排名则位处第 6。除尘设施行业发展空间广阔。

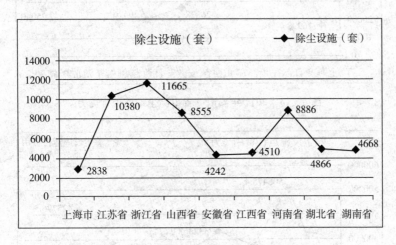

图 5 - 13　2011 年安徽等省市除尘设施套数

从除尘设施处理能力（如图 5 - 14 所示）方面来看，2011 年安徽除尘设施处理能力为 26828 吨/时，高于长三角的上海市（16998 吨/时）。在中部六省中，2011 年安徽除尘设施处理能力排名第 5，高于江西省的 20475 吨/时，但与处理能力最大的湖北省差距较大（湖北省 2011 年除尘设施处理能力为 70752 吨/时）。

从地区除尘设施运行费用（如图 5 - 15 所示）方面来看，2011 年安徽除尘设施运行费用为 239937 万元，与长三角两省一市相比，安徽 2011 年的运行费用高于上海，低于江苏和浙江，其中江苏省运行费用在所有考察地区中最高（506475.4 万元）。相对于其他中部五省，安徽除尘设施运行费用在中部排名第 4，高于江西和湖南两省。

（四）环境监测的仪器仪表行业

环境监测的仪器仪表行业发展也是衡量一个地区大气污染防治的一项重要指标。鉴于数据的可获得性和科学性，选取废气污染物在线

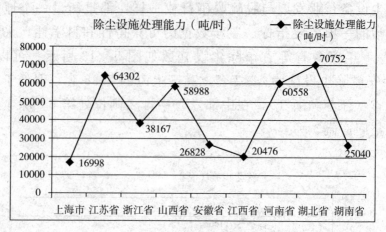

图 5 - 14　2011 年安徽等省市除尘设施处理能力

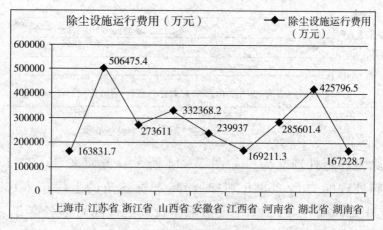

图 5 - 15　2011 年安徽等省市除尘设施运行费用

监测仪器套数来代表环境监测的仪器仪表的行业发展规模。

　　根据中国环境数据库，采集整理出 2007—2010 年安徽等省市废气污染物在线监测仪器套数见表 5 - 5 所列和如图 5 - 16 所示。可以看出，2007—2010 年间安徽省废气污染物在线监测仪器套数呈现出持续上升态势，2010 年达 318 套。对长三角两省一市而言，在样本期内，安徽废气污染物在线监测仪器套数始终低于江苏和浙江两省，但 2009 和 2010 年超过了上海。在中部六省中，2007—2010 年安徽废气污染物在线监测仪器套数始终低于山西和河南两省，但高于江西、湖北和湖南三省。

表5-5 2007—2010 年废气污染物在线监测仪器套数 单位：套

时间 地区	2007	2008	2009	2010
上海市	185	248	258	202
江苏省	480	718	781	820
浙江省	428	484	609	710
山西省	329	683	748	818
安徽省	**122**	**219**	**276**	**318**
江西省	55	80	119	187
河南省	371	490	575	619
湖北省	91	164	218	255
湖南省	106	138	205	214

数据来源：中国环境数据库。

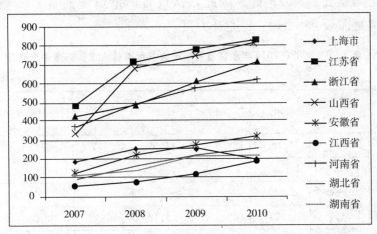

图5-16 2007—2010 年安徽等省市废气污染物在线监测仪器套数

第三节 安徽省大气污染防治设备制造业与其他省份的比较

进一步对安徽大气污染防治设备制造业与其他省份进行比较研究，采集到 2008—2014 年全国及各省市大气污染防治设备制造业产量数据见表 5-6 所列。

　　相对于长三角上海、江苏和浙江来说，2008—2014 年安徽省大气污染防治设备制造业产量高于上海，但基本都低于浙江省，2008—2013 年间安徽大体上略领先于江苏省，但 2014 年江苏省大气污染防治设备制造业产量为 33898 台，远高于安徽的 4976 台。

　　从中部六省的比较来看，根据获取的数据，2008—2014 年安徽大气污染防治设备制造业产量高于江西和湖南两省，与山西相比，2014 年之前，安徽均处于领先水平，但 2014 年山西的大气污染防治设备制造业产量飞速提升至 9260 台，几乎为安徽 2014 产量的 2 倍，与此相似地，2008—2010 年安徽大气污染防治设备制造业产量全面高于湖北，但自 2011 年开始，湖北大气污染防治设备制造业产量也是飞速提升，远超安徽。除 2010 和 2014 年外，河南省与安徽省的大气污染防治设备制造业产量均大致相当，但 2014 年河南省迅速提升至 34694 台，也是远超安徽 4976 台。因此，从设备产量角度而言，安徽的提升空间广阔且需要进一步加大提升力度。

表 5-6　2008—2014 年全国及各省市大气污染防治设备制造业产量

单位：台

时间 地区	2008	2009	2010	2011	2012	2013	2014
全国	60429.65	80712.4	82086.95	85999	107137.6	85722	307238
北京	8174.65	10630.4	17895.8	16853	24057	26720	27748
天津	198	—	7			10	408
河北	7157	1953	16216.02	13133	16317	16032	24787
山西	12	8	10	10	10	10	9260
内蒙古	—						
辽宁	500	1379	1128.9	2322	1709	1748	4504
吉林	12652	11001	12188	16263	22240	1351	1377
黑龙江	—						
上海	103	60	440	101	287	70	263
江苏	353	3161	2176	1813	1549	1664	33898

（续表）

时间 地区	2008	2009	2010	2011	2012	2013	2014
浙江	3297	4672	4470	5977	5733.9	5483	12496
安徽	648	659	6265.43	1886	2056	2149	4976
福建	797	2397	1521.5	1316	765.5	1049	2278
江西	13	—			—	30	63
山东	24292	42217	16115	11952	12485	12605	71776
河南	1258	1752	2664	2117	452	2595	34694
湖北	595	406	362	11785	18779.2	13639	73132
湖南	26	45	54.8	—	—	—	441
广东	—	—					3295
广西	153	132	114	123	196	79	36
海南	—	—					
重庆							195
四川	—		209.5	207	392	365	371
贵州	—				—		
云南	30	74	80	24	13	12	12
西藏							
陕西	133	133	143	95	77	89	1132
甘肃	38	33	26	22	19	22	76
青海	—	—					
宁夏	—	—					20
新疆	—	—					

数据来源：中国产业信息网。

从各省市大气污染防治设备制造业产量占全国比重（见表 5 - 7 所列）角度来看，与长三角两省一市相比，安徽大气污染防治设备制造业产量占全国比重高于上海（安徽为 1.62%，上海为 0.09%），但落后于江苏和浙江。

在中部六省中，安徽省 2008—2014 年仍是全面超过江西和湖南。单从 2014 年来看，安徽大气污染防治设备制造业产量占全国比重在中部排名第4，落后于湖北（第1，23.8%）、河南（第2，11.29%）和山西（第3，3.01%）。

表5-7 2008—2014年各省市大气污染防治设备制造业产量占全国比重

单位：%

时间 地区	2008	2009	2010	2011	2012	2013	2014
北京	13.53	13.17	21.80	19.60	22.45	31.17	9.03
天津	0.33		0.01			0.01	0.13
河北	11.84	2.42	19.75	15.27	15.23	18.70	8.07
山西	0.02	0.01	0.01	0.01	0.01	0.01	3.01
内蒙古	—						—
辽宁	0.83	1.71	1.38	2.70	1.60	2.04	1.47
吉林	20.94	13.63	14.85	18.91	20.76	1.58	0.45
黑龙江	—					—	—
上海	0.17	0.07	0.54	0.12	0.27	0.08	0.09
江苏	0.58	3.92	2.65	2.11	1.45	1.94	11.03
浙江	5.46	5.79	5.45	6.95	5.35	6.40	4.07
安徽	1.07	0.82	7.63	2.19	1.92	2.51	1.62
福建	1.32	2.97	1.85	1.53	0.71	1.22	0.74
江西	0.02	—	—	—	—	0.03	0.02
山东	40.20	52.31	19.63	13.90	11.65	14.70	23.36
河南	2.08	2.17	3.25	2.46	0.42	3.03	11.29
湖北	0.98	0.50	0.44	13.70	17.53	15.91	23.80
湖南	0.04	0.06	0.07	—			0.14
广东	—						1.07
广西	0.25	0.16	0.14	0.14	0.18	0.09	0.01
海南	—	—	—				—
重庆	—						0.06
四川	—		0.26	0.24	0.37	0.43	0.12
贵州	—	—				—	

（续表）

时间 地区	2008	2009	2010	2011	2012	2013	2014
云南	0.05	0.09	0.10	0.03	0.01	0.01	0.00
西藏	—	—	—	—	—	—	—
陕西	0.22	0.16	0.17	0.11	0.07	0.10	0.37
甘肃	0.06	0.04	0.03	0.03	0.02	0.03	0.02
青海	—	—	—	—	—	—	—
宁夏	—	—	—	—	—	—	0.01
新疆	—	—	—	—	—	—	—

数据来源：中国产业信息网。

从各省市大气污染防治设备制造业产量同比增长率（见表 5-8 所列）角度来看，在总体上，2014 年多数省市大气污染防治设备制造业产量同比增长率飞速提升，这可能充分反映了国家在大气污染防治方面的政策效应。

与长三角的两省一市相比较，安徽大气污染防治设备制造业产量的同比增长率基本为正——产量持续提升（2010 年除外），而长三角两省一市大气污染防治设备制造业产量同比增长率的正负波动较为频繁。以 2014 年来说，安徽同比增长率高于浙江省（127%，基数较大，故同比增长率相对稍小），但低于上海和江苏（分别为 275.71% 和 1937.14%）。

在中部六省中，2014 年安徽同比增长率位处第 5，略高于江西省，增长势头小于山西、河南、湖北和湖南。

表 5-8 2009—2014 年全国及各省市大气污染防治设备制造业产量同比增长率

单位：%

时间 地区	2009	2010	2011	2012	2013	2014
全国	33.56	1.70	4.77	24.58	−19.99	258.41
北京	30.04	68.35	−5.83	42.75	11.07	3.85

（续表）

时间 地区	2009	2010	2011	2012	2013	2014
天津	—		—			3980.00
河北	−72.71	730.31	−19.01	24.24	−1.75	54.61
山西	−33.33	25.00				92500.00
内蒙古	—	—	—	—	—	—
辽宁	175.80	−18.14	105.69	−26.40	2.28	157.67
吉林	−13.05	10.79	33.43	36.75	−93.93	1.92
黑龙江	—	—	—	—	—	—
上海	−41.75	633.33	−77.05	184.16	−75.61	275.71
江苏	795.47	−31.16	−16.68	−14.56	7.42	1937.14
浙江	41.70	−4.32	33.71	−4.07	−4.38	127.90
安徽	1.70	850.75	−69.90	9.01	4.52	131.55
福建	200.75	−36.52	−13.51	−41.83	37.03	117.16
江西	—	—	—	—	—	110.00
山东	73.79	−61.83	−25.83	4.46	0.96	469.42
河南	39.27	52.05	−20.53	−78.65	474.12	1236.96
湖北	−31.76	−10.84	3155.52	59.35	−27.37	436.20
湖南	73.08	21.78	—	—	—	—
广东	—	—	—	—	—	—
广西	−13.73	−13.64	7.89	59.35	−59.69	−54.43
海南	—	—	—	—	—	—
重庆	—	—	—	—	—	—
四川	—	—	−1.19	89.37	−6.89	1.64
贵州	—	—	—	—	—	—
云南	146.67	8.11	−70.00	−45.83	−7.69	0.00
西藏	—	—	—	—	—	—
陕西	0.00	7.52	−33.57	−18.95	15.58	1171.91
甘肃	−13.16	−21.21	−15.38	−13.64	15.79	245.45

（续表）

时间 地区	2009	2010	2011	2012	2013	2014
青海	—	—	—	—	—	—
宁夏	—	—	—	—	—	—
新疆	—	—	—	—	—	—

注：本数据的来源是根据中国产业信息网提供的各年 1—12 月累计产量数据计算而得。

第四节 研究结论

随着国家环保新政的出台和环保要求的不断提高，大气污染防治设备制造业的市场需求日益提升，各行业企业纷纷加大对环境保护基础设施的建设与投资，为大气污染防治设备制造业的市场需求和产业发展带来了强劲动力。

从全国大气污染防治设备制造业发展来看，设备总产量基本表现为逐年提升，且呈现出"阶跃式"发展性状。其中，2007—2013 年中国大气污染防治设备制造业总产量基本处于 10 万台以下（除 2012 年产量为 10.71 万台外），而随着 2013 年国务院大气污染防治行动计划的贯彻实施，大力推动了市场发展，2014 年大气污染防治设备总产量迅速提升至 30 万台以上，2015 年 1—10 月总产量则超过了 29 万台。从 2014 和 2015 年的月度数据的比较来看，2015 年 3—10 月的大气污染防治设备制造业的月度产量基本上均全面高于 2014 年同月（除 5 月持平外），增长势头强劲。

安徽大气污染防治设备制造业自 2008 年以来，设备总产量基本上呈现出持续上升态势，产量占全国比重自 2011 年以来基本稳定在 2%左右。(1) 相对于长三角的两省一市来说，2008—2014 年安徽大气污染防治设备制造业总产量高于上海，但基本上都低于浙江，与江苏相比，安徽 2008—2013 年总产量均略为领先江苏，但 2014 年江苏的设备总产量飞速发展，几乎是安徽的 7 倍。从占全国比重而言，自 2008

年以来，安徽大气污染防治设备制造业产量占全国比重高于上海（安徽为 1.62%，上海为 0.09%），但落后于江苏和浙江。从增长率上来说，2014 年安徽同比增长率高于浙江省（127%，可能缘于浙江基数较大，故导致其同比增长率相对稍小），但低于上海和江苏。（2）相对于其他中部五省，2008—2014 年间安徽大气污染防治设备制造业产量均高于江西和湖南两省，但相对于山西、河南和湖北三省来说，该三省在 2014 年设备总产量上均表现出惊人的增长速度，总产量已"远超"安徽。从占全国比重来说，安徽省 2008—2014 年仍是全面超过了江西和湖南。单从 2014 年来看，安徽大气污染防治设备制造业产量占全国比重在中部排名第 4，落后于湖北（第 1，23.8%）、河南（第 2，11.29%）和山西（第 3，3.01%）。从增长率上来说，2014 年安徽同比增长率位处第 5，略高于江西省，增长幅度小于山西、河南、湖北和湖南。因此，从设备产量角度而言，安徽的提升空间广阔且需要进一步加大提升力度。

从大气污染防治设备制造业子行业来看，（1）在脱硫设备行业，样本期内安徽省脱硫设施生产总数相对稳定，但相对于长三角两省一市和中部其他省份来说，其行业规模数量近年来基本处于下游水平。2011 年安徽脱硫设施总数尚不足山西的 1/10。从处理能力来说，2011 年安徽脱硫设施处理能力领先于上海，落后于江苏和浙江。在中部，安徽 2011 年脱硫设施处理能力位居第 3，领先于江西、湖北和湖南。从运行总费用方面来看，2011 年安徽省脱硫设施运行总费用仅高于上海、江西和湖南。（2）在脱硝设备行业，2011 年长三角两省一市的脱硝设施数全面高于中部六省，而安徽 2011 年的脱硝设施为 6 套，为中部最低。从处理能力方面来说，安徽 2011 年脱硝设施处理能力为 781 吨/时，在中部排名第 5，高于湖北。从运行总费用方面来看，2011 年安徽脱硝设施运行总费用为 9014 万元，在中部排名第 4，高于河南和湖北。（3）在除尘设备行业，2011 年安徽除尘设施高于上海，但低于长三角其他两省（江苏和浙江），在中部排名第 6。从处理能力方面来看，2011 年安徽除尘设施处理能力高于上海，在中部排名第 5，仅高于江西。从运行总费用方面来看，2011 年安徽的运行费用高于上海，低于江苏和浙江，在中部排名第 4，高于江西和湖南两省。（4）在环境监测的仪器仪表行业，观测样本期内的安徽废气污染物在线监测仪器套数始终低于江苏和浙江两省，但在 2009 和 2010 年实现了对上海的赶超。在中部，安徽废气污染物在线监测仪器套数在样本期内始终低于山西和河南两省，但高于江西、湖北和湖南三省。总体而言，在四个子行业中，安徽在脱硫设备行业和环境监测的仪器仪表行业上，在中部基本上位处中等水平，但在脱硝设备行业和除尘设备行业上则相对落后。

参考文献

[1] 中国生态文明网．

[2] 安徽省人民政府信息公开网．

[3] 安徽省发改委、安徽省环保厅、安徽省农委、安徽省林业厅等政府网站．

[4] 白杨，黄宇驰，王敏，等．我国生态文明建设及其评估体系研究进展 [J]．生态学报，2011 (20)：6295 - 6304.

[5] 杜宇．生态文明发展评价指标体系研究 [D]．北京：北京林业大学，2009.

[6] 房安文．生态文明评价指标体系框架研究 [D]．北京：中国林业科学研究院，2009.

[7] 连玉明．中国文明发展报告 [M]．北京：当代中国出版社，2014.

[8] 刘某承，苏宁，伦飞．区域生态文明发展水平综合评估指标[J]．生态学报，2014，34 (1)：97 - 103.

[9] 李伟．生态文明建设科学评价与政府考核体系研究 [M]．北京：中国发展出版社，2014.

[10] 齐心．生态文明发展评价指标体系研究[J]．生态经济，2012 (12)：182 - 186.

[11] 王会．基于文明生态化的生态文明评价指标体系研究[J]．中国地质大学学报，2012，12 (3)：27 - 31.

[12] 张会恒．政府规制工具的组合选择：由秸秆禁烧困境生发[J]．改革，2012 (10)：136 -141.

[13] 王军玲．大气污染治理实施技术指南 [M]．北京：中国环境出版社，2013.

[14] 赵筱媛，苏竣．基于政策工具的公共科技政策分析框架研究[J]．科学学研究，2007 (2)：52 - 56.

[15] 唐五湘，饶彩霞，程桂枝．北京市科技金融政策文本量化分析[J]．科技进步与对策，2013 (9)：56 - 61.

[16] 程良峰．大气污染防治设备制造业分析 [D]．成都：西南财经大学，2014.

[17] 郑彦丹．我国大气污染防治设备已达国际先进水平 [N]．中国工业报，2007 -07 -05B01.

[18] 刘志全，宋秀杰．我国城市大气污染控制技术设备的产业化[J]．环境保护，1999，09：12 - 13＋16.

[19] 林翎，黄进，高翔，等．高效能大气污染控制环保设备评价技术标准体系初探[J]．中国标准化，2014，05：85 - 89.